伝統産業の製品開発戦略

滋賀県彦根市・井上仏壇店の事例研究

大橋松貴［著］

サンライズ出版

2015年に改装した店舗。

木・漆という天然素材を用いた「chanto」ブランド。
きれいな色漆によりお洒落な商品を展開している。

kubikのワインダーを装着したワインダーケース「INOUE」シリーズ。

一見仏壇と見間違う「DAN」は16個のワインダー以外にジュエリーなども収納できる引き出しがある。

蒔絵による伝統的な紋様を施した「KISSHO」。

宮殿の枡組み，漆塗り，蒔絵等を用い，扉を閉じればワインダーケースとはわからない「KUDEN」。

「black & gold」ブランドの蒔絵インテリア。

はしがき

滋賀県彦根市を中心とした彦根仏壇産地でつくられる仏壇は「彦根仏壇」とよばれ，1975年にわが国の仏壇業界ではじめて通商産業大臣指定伝統的工芸品に認定されるなど，その技術や品質は高い評価を受けている。彦根仏壇が誕生した理由については諸説あるものの，一説によれば，江戸中〜後期に塗師，武具師，細工人などが仏壇屋へ転身したのがそのはじまりであるとされる。彦根仏壇産地を製品開発という側面からとらえてみると，いくつかの大きな転換期を迎えていたことがわかる。江戸時代に仏壇以外の製品を手がけていた職人たちが仏壇屋へ転身したことや，昭和初期に仏壇業者が自身のもつ仏壇の高度な専門技術をいかして「国策下駄」の製造を行っていたこと，平成期に入ってからは伝統様式ではない新しいデザインを用いた創作仏壇に関する活動を行っていることなどである。

このように，彦根仏壇産地を製品開発という側面からとらえてみると，その長い歴史のなかで新たな製品開発が何度も行われていたことがわかる。このような歴史をもつ彦根仏壇産地において，本研究の調査対象である井上仏壇店・㈱井上（以下，井上仏壇店）は，伝統的な彦根仏壇に関する活動のほかに，仏壇の製造技術をいかしたさまざまな製品開発を行っているアクターである。同店は，彦根仏壇に関する活動についてこれまでにさまざまな賞を受賞しているほか，2016年には経済産業省「はばたく中小企業・小規模事業者300社」に選ばれるなど，現在においても高い評価を受けている。

私が彦根仏壇産地を研究対象としたのは，「伝統産地におけるものづくり」に興味を抱いたためである。わが国には，多くの地域で長い歴史を経て洗練されてきた美しい伝統工芸品が数多く存在している。そのような地域において生み出されてきた製品についてマネジメントの観点から研究してみたいと思ったのである。このような思いを抱きつつ，私は彦根仏壇産地について調べはじめた。幸いにも，当時，私が大学院生として所属していた滋賀県立大学は彦根市にキャンパスを構えており，キャンパス内の図書館で彦根仏壇に関するさまざまな資料に触れることができた。彦根仏壇に関する資料を読んでいくと，彦根仏壇産地ではさまざまな製品開発活動を行っているアクターが数多く存在していることがわかってきた。本研究の調査対象である井上仏壇店もその１つである。このような事前調査を行い，はじめて井上仏壇店へ取材に行ったのは2014年のことである。当時は，現在の店舗が建設中であったため，仮店舗での取材であった。井上仏壇店代表の井上昌一さんとはじめてお会いしたとき，温厚な人柄のなかにも「彦根仏壇産地を活性化させたい」という強い思いが伝わってきたことを今でも覚えている。その時すでに，井上仏壇店は同店のオリジナルブランドである「chanto」ブランドの創設や，彦根仏壇事業協同組合青年部有志で結成した「柒+」といった活動に参加していた。同店は，それまでにもさまざまな活動を行っており，井上さんにはそれらの活動について丁寧にお話いただいた。私は，井上さんとお話をさせていただくなかで，井上仏壇店の製品開発に焦点をあてた研究を行ってみたい，と思うようになったのである。

このような思いからはじまった研究であるが，本当に多くの方々に支えていただいた。この場をお借りして厚く御礼申し上げる。本研究は，多くの聞き取りや提供資料により書かれたものである。そして，それらの貴重なデータの多くは彦根仏壇に関わっておられる現地の方々や地元の滋賀県立大学に所属しておられる先生方からご提供いただいた。いうまでもなく，私はこのような方々のご厚意により，研究を進めていくことができたのである。

本書は，以下の論考をもとにしている。ただし，本書は学会誌に掲載された論文を主体に構成されているため，論文集的な色合いの濃いものになっている。なお，第１章，第２章は書き下ろしであり，そのほかの章については本書をまとめる過程でいずれも加筆・修正を行った。

第３章「地域プロデューサーとしての地元企業の製品開発戦略――深表統合モザイクゾーンの観点から」地域デザイン学会誌『地域デザイン』第12号，2018年。
第４章「地域産業としての仏壇産業における製品開発の新機軸に関する考察――滋賀県彦根市の井上仏壇店の事例」地域デザイン学会誌『地域デザイン』第５号，2015年。
第５章「地域産業における中小企業のターンアラウンド戦略に関する一考察――彦根仏壇産地における井上仏壇店の製品開発――」日本ビジネス・マネジメント学会誌『ビジネス・マネジメント研究』第14号，2018年。

井上さんには，同店の製品開発をはじめとしたさまざまな活動や彦根仏壇産地に関する多くのことをご教示いただいた。井上さんは，それまで彦根仏壇に関わっていなかった筆者の取材にも快く応じてくださり，自身の店舗の活動や彦根仏壇産地に関するさまざまな資料を提供していただくなど，私がのびのびと研究できるよう，さまざまな面で多大なサポートをしていただいた。そのおかげで，私は研究を進めていくことができたのである。
また，滋賀県立大学の面矢慎介先生（人間文化学部教授）にも大変お世話になった。先生は，人間文化学部生活デザイン学科に所属しておられるため，私が大学院生の時には直接ご指導いただく機会はなかった。その後，私が滋賀県立大学に博士研究員として籍を置かせていただくことになり，それを機に，ご指導いただくようになったのである。先生は，大学教員として彦根仏壇事業協同組合と20年以上関わっておられ，さまざまな活動を行ってこられた方である。先生からは主に彦根仏壇産地の歴史や，製品開発に関わる活動についてご教示いただき，数多くの貴重な資料をご提供いただいた。特に，本書の第１章は，先生からいただいた多くのご助言や資料によって執筆作業を進めていくことができた。

そのほかにも，紙幅の関係ですべての方々のお名前をあげることはできないが，学会活動などにおいて私を温かく見守り，支えていただいた多くの先生方に心より感謝申し上げる。

本書の刊行については，サンライズ出版㈱の岩根順子社長，岩根治美専務，スタッフの方々に大変お世話になった。サンライズ出版㈱には，私のような若輩者に２冊目の書籍を発刊する機会を与えていただき，心より感謝申し上げる。

最後に，いつも筆者の研究に理解を示し，さまざまな面で応援してくれた家族に，この場を借りて感謝の意を表したい。本当にありがとう。

2018年10月

大橋松貴

目　次

はしがき

序章　本研究の目的と分析視角

第1章　彦根仏壇産地の特性と活動

第2章　井上仏壇店の組織概要と活動

第3章　地域プロデューサーとしての井上仏壇店の製品開発戦略

第4章　井上仏壇店の製品開発イノベーション

第5章　彦根仏壇産地における井上仏壇店のターンアラウンド戦略

終章　本研究のまとめと課題

序章

本研究の目的と分析視角

1. 本研究の動機

滋賀県彦根市を中心とした彦根仏壇産地でつくられる仏壇は「彦根仏壇」とよばれ，350年以上[1)]もの歴史をもつ日本の伝統工芸である。彦根仏壇はその高い技術や品質が認められ，1975年にわが国の仏壇産業ではじめて通商産業大臣指定伝統的工芸品に認定されている。筆者が彦根仏壇産地を研究対象としたのは「伝統産地におけるものづくり」に興味を抱き，マネジメントの側面から研究してみたいと思ったからである。彦根仏壇は主に工部七職（木地師，宮殿師，彫刻師，漆塗師[2)]，金箔押師，錺金具師，蒔絵師）とよばれる職人たちによって手がけられている。このような「高度で多岐にわたる彦根仏壇の製造技術をマネジメントにいかすことはできないのか」という思いを抱いたのが，筆者が彦根仏壇産地を研究対象として意識するきっかけであった。

そのような思いを抱きつつ，筆者は彦根仏壇産地についての調査をはじめた。彦根仏壇産地を製品開発の側面から調べていくと，その長い歴史のなかで何度も大きな転換期を迎えていたことがわかってきた。それらの転機とは，彦根仏壇誕生のきっかけであるとされる塗師，武具師，細工人などが仏壇屋へ転身したこと（江戸中～後期）[3)]や，仏壇業者が自身のもつ仏壇の高度な専門技術をいかして「国策下駄」の製造を行っていたこと（昭和初期），そして現在では伝統様式でない新しいデザインを用いた仏壇の開発を行っていること，などである。そして，彦根仏壇についてさらに調べを進めていくと，近年では，仏壇の製造技術をいかした製品開発活動を行っているアクターが数多く存在していることがわかってきた。そのなかで，井上仏壇店・㈱井上（以下，井上仏壇店）という存在を知ったのである。井上仏壇店に対し，調べを進めていくと，同店は彦根仏壇の漆塗りの技術を応用したオリジナルブランドである「chanto（シャント）」を開発したり，彦根仏壇事業協同組合青年部有志で結成した創作仏壇（伝統様式でない新デザインの仏壇）[4)]の開発チーム「柒⁺（ナナプラス）」に参加していることがわかってきた。井上仏壇店は，それ以外にもさまざまな製品開発活動を行っていることから，彦根仏壇産地に活動拠点を置いている同店の製品開発活動に焦点をあてた研究を行っていきたいと思うようになったのである。

2. 本研究の目的と特徴

本研究の目的は，彦根仏壇産地に活動拠点を置く井上仏壇店の仏壇の製造技術をいかした製品開発活動について，複数の学術的見地からとらえ，分析し，考察することにある。具体的には，彦根仏壇産地および井上仏壇店の概要について確認したうえで，同店の仏壇の製造技術をいかした製品開発活動について(1)地域デザイン，(2)組織のライフサイクルとイノベーション(innovation)，(3)ターンアラウンド(turnaround)と成長ベクトルといった側面からとらえ,分析し,考察する。(1)では,地域デザイン学会で原田(2015)が提唱した「深表統合モザイクゾーン」を用いて，井上仏壇店の彦根仏壇産地に対する役割などについて分析し，考察する。(2)では，井上仏壇店がどのようなプロセスを経て経営再建を実現させたのかについて明らかにするために，日夏(1996)の提示した「成熟企業の再建過程モデル」を用いて確認する。そして，同店の経営再建に大きな役割を果たした製品開発活動に注目し，アバナシー＝クラーク(Abernathy and Clark, 1985)の提示した「四象限モデル」を補完的に用いて分析し，考察する。(3)では，井上仏壇店の経営再建についてターンアラウンド戦略の側面から分析し，考察する。ここでは井上仏壇店がどのようにターンアラウンド(経営再建)を実現させたのかについて，同店がこれまでに行ってきた戦略について確認する。そのうえで，アンゾフ(Ansoff, 1965=1969)の成長ベクトルを用いて「井上仏壇店の経営再建に個々の製品はどのように貢献しているのか」について分析し，考察する。

このように，井上仏壇店の仏壇の製造技術をいかした活動について複数の学術的見地からとらえ，分析し，考察するという点が本研究の特徴であると考える。

3. 本研究の構成

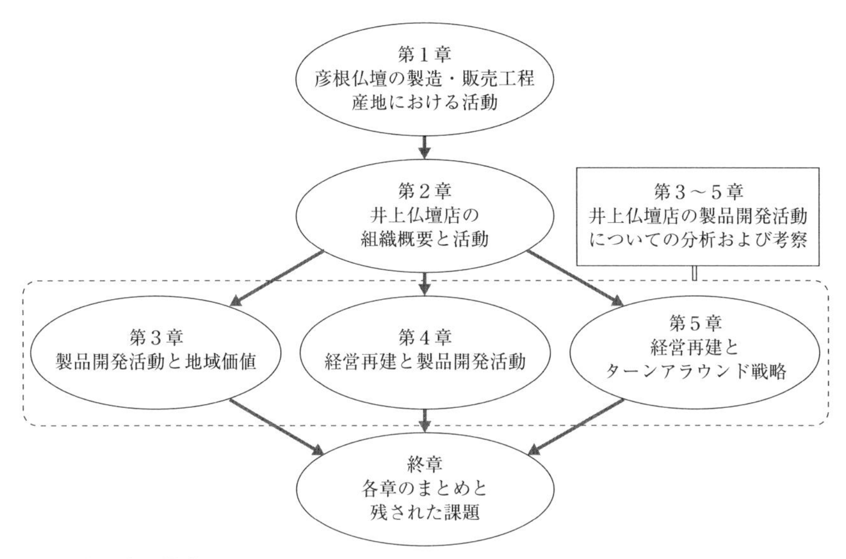

図序　本研究の構成

※当該図は，筆者が作成。

以下，本研究の構成について述べる。第１章「彦根仏壇産地の特性と活動」では，彦根仏壇の製造・販売工程と産地における活動について概観する。前者では，彦根仏壇の製造・販売工程全体の流れについて確認したうえで，工部七職と組立・販売を行う仏壇店が担う工程について確認する。後者では，彦根仏壇産地における活動を大きく (1) 創作仏壇に関する活動，(2) 研究会・イベント関連の活動に分類し，確認する。(1) では，ジャガーグリーンの仏壇，電動昇降式仏壇，ユニット家具形式･漆塗り扉の壁面収納家具，「柒+」といったものを取り上げる。(2)では，虹の匠研究会，彦根仏壇展･工芸技術コンクール，七曲がりフェスタ，その他の活動（全国伝統的工芸品仏壇仏具展，文化財・寺社仏閣・海外市場調査，高級甲冑の製造，曳山ミニチュア製作など）を取り上げる。

第２章「井上仏壇店の組織概要と活動」では，本研究の調査対象である井上仏壇店の組織概要と活動について概観する。同店の組織概要については，沿革と組織形態，近年における位置づけについて確認する。井上仏壇店は，1901年に初代井上久次郎が仏壇の錺金具職人として独立創業したのがそのはじまりであり，1991年からは現在の代表である井上昌一が事業を継承している。同店は，1901年に創業した井上仏壇店（個人事業者）と2009年に設立した㈱井上により構成されている。前者は主に彦根仏壇の製造を，後者は主に広報や製品の製造・販売を中心に活動しており，分業化を行えるような体制が構築されている。また，井上仏壇店の評価についても確認する。そして，同店の活動について，ここでは大きく(1)製品開発活動，(2)社会貢献・その他の活動について概観する。(1)について同店は，伝統的な仏壇のほかにも，さまざまな製品開発活動を行っているため，ここではそれらの活動を「仏壇･仏具に関する製品開発活動」と「それ以外の製品開発活動」に分類し，確認する。前者では，「柒⁺」，栄光(eco)仏壇，ご当地仏壇，金紙仏壇，御文・御文章カバーを，後者では，「Black & Gold Collection」，「chanto」，「Mother Lake」，ぐい飲み，「INOUE」を取り上げる。(2)については，彦根仏壇・伝統工芸インターンシップ，絵本プロジェクト，三軒茶屋プロジェクト，他県の公立中学校の研修受け入れ，井伊直弼の駕籠プロジェクト，仏壇の選び方講習会・工房見学会などを取り上げる。

第３章「地域プロデューサーとしての井上仏壇店の製品開発戦略」では，井上仏壇店を地域価値を生み出すアクターととらえ，製品開発活動との関係性について分析し，考察する。本章の目的は，井上仏壇店の製品開発活動がどのようにして彦根仏壇産地における地域価値の発現につながっているのか（または，つながりつつあるのか）について明らかにすることにある。ここでは，地域価値の発現プロセスを分析し，考察する際に参考になる原田(2015)の提示した「深表統合モザイクゾーン」を用いている。この分析枠組みは，対象となるゾーンに地理軸と歴史軸の２軸からコンテンツとしての文化を浮かび上がらせ，コンテンツとしての文化からコンテクストとしての文化へのプロセス，すなわちコンテクスト転換を明らかにすることで，地域価値との関係性について分析するものである。本章では，このコンテクスト転換を行うアクターを井上仏壇店（＝地域プロデューサー）とし，その役割について分析し，考察する。

第４章「井上仏壇店の製品開発イノベーション」では，井上仏壇店の経営再建と製品開発活動との関係性について分析し，考察する。本章の目的は，井上仏壇店の経営再建を実現させるために効果的な仏壇の製造技術をいかした活動について明らかにすることにある。本章では，井上仏壇店の経営再建をみていくにあたり，組織のライフサイクルに関する先行研究をレビューし，日夏(1996)の提示した「成熟企業の再建過程モデル」を用いている。このモデルを用いることで，当該企業の衰退現象を時系列的にとらえることに加え，企業の再建過程に必要とされる個々のイノベーションについても確認することが可能になる。さらに，ここでは井上仏壇店の行っている個々のイノベーションをより詳細に把握するために，アバナシー＝クラーク（Abernathy and Clark, 1985）の「四象限モデル」を補完的に用いている。これにより，本章では井上仏壇店の経営再建について，組織のライフサイクルの観点（成熟企業の再建過程モデル）から分析し，そのプロセスで同店が行っている製品開発活動についてもイノベーション論（四象限モデル）を用いてとらえることができるようになる。

第５章「彦根仏壇産地における井上仏壇店のターンアラウンド戦略」では，井上仏壇店の経営再建について主にターンアラウンド戦略の観点から分析し，考察する。本章の目的は，井上仏壇店の仏壇の製造技術をいかした新たな製品開発活動およびその成果について主にターンアラウンド戦略の観点から明らかにすることにある。ここでは分析を行うにあたり，まず，ターンアラウンドに関する先行研究をレビューし，「ターンアラウンド」，「ターンアラウンド戦略の特性」，「ターンアラウンド戦略」といったものについて確認する。そのうえで，本章では，谷・榎本（2006）の提示したターンアラウンド戦略のフレームワークを用いて，井上仏壇店の経営再建について検討する。また，谷・榎本（2006）は，アンゾフ（Ansoff, 1965=1969）の成長戦略の成長ベクトルの適応可能性についても述べているため，ここでは井上仏壇店の事例を分析するにあたり，補完的に用いている。これにより，井上仏壇店の経営再建について，ターンアラウンドの観点からより詳細に分析し，考察することが可能になる。

終章「本研究のまとめと課題」では，各章の内容をまとめ，本研究で残された課題について述べる。

注

1）2018年2月25日，井上昌一（井上仏壇店代表）への聞き取り（150分，「彦根仏壇の歴史について」ほか）による。ただし，彦根市役所（2012:23）では「400年以上」と記述されている。これらの内容を踏まえ，以下，本書では彦根仏壇の歴史について「350年以上」と表記する。

2）本研究では，職人については「漆塗師」，製造工程については「塗装（漆塗り）」と表記している。ただし当該技術の応用に関する部分については「漆塗り」と表記している。

3）彦根史談会編（2002:132），中村監修（1962:111）。『城下町彦根――街道と町並――』（2002）では，七曲がり地域について「現在のように，仏壇・仏具の製造・販売を行うようになったのは，江戸後期頃からと言われている」としている（彦根史談会，2002:132）。また，『彦根市史 中冊』（1962）では，彦根仏壇の起源は明らかでないとしつつも，江戸時代の中期頃にはじまったとの見解を示している（中村監修，1962:111）ため，本書では彦根仏壇のはじまりの時期を「江戸中～後期」と表記している。ただし，それぞれの文献をもとに記述している部分については，当該文献の表記に従っている。

4）面矢（2015:8）。なお，面矢（2015）に関しては，CD-ROM媒体であるためページは記載されていないが，本研究では便宜上，面矢（2015）の論文の中でのページを表記している点には注意が必要である。

引用・参考文献

Abernathy, W.J. and K.B.Clark, 1985, "Innovation: Mapping the Winds of Creative Destruction," *Research Policy,* Vol.14, No.1, pp.3-22.

Ansoff, H. I., 1965, *Corporate Strategy,* McGrow-Hill (=1969, 広田寿亮訳『企業戦略論』産業能率短期大学出版部)。

面矢慎介, 2015,「彦根仏壇産業の歴史と現在」*Bulletin of Asia Design Culture Society* ISSUE NO.9 ORIGINAL ARTICLES NO.2015JT007 Accepted March11, 2015.

谷行治・榎本悟, 2006,「中小企業におけるターンアラウンド戦略～V字回復に向けて～」岡山大学経済学会雑誌38(2),pp.1-21。

中村勝直監修, 1962,『彦根市史 中冊』彦根市役所。

原田保, 2015,「『深表統合モザイクゾーン』の戦略性に関する試論――"深層"のローカル性と"表層"のグローバル性」地域デザイン学会誌『地域デザイン』第6号, pp.9-24。

彦根史談会編, 2002,『城下町彦根――街道と町並――』サンライズ出版。

彦根市役所, 2012,『風格と魅力ある都市 彦根』〔彦根市勢要覧〕。

日夏嘉寿雄, 1996,「企業業績の衰退・再建過程と経営者」『帝塚山大学経済学』第5巻, pp.87-117。

第１章

彦根仏壇産地の特性と活動

七曲がり通りと井上仏壇店

1. はじめに

彦根仏壇は，350年以上もの歴史をもつ日本の伝統工芸である。滋賀県彦根市を中心とした彦根仏壇産地で製造されるこの仏壇は，その高い技術や品質が認められ，1975年にわが国の仏壇業界ではじめて通商産業大臣指定伝統的工芸品に認定されている。彦根仏壇のはじまりについては諸説あるものの，一説によれば江戸時代中期頃であるとされ，塗師や武具師，細工人などが仏壇屋へ転身したであろうとされている(中村監修, 1962:111)。そして，そのような職人たちは彦根藩の強力な庇護のもと，彦根城下町の南西部に位置する「七曲がり」地域において活動し，彦根仏壇産地は発展していった。

しかしながら，近年ではライフスタイルや価値観の変化などによる需要の減少，安価な海外製品におされるなどの要因により，売上はピーク時の半分以下にまで落ち込んでいる[1)]。

このような現状を打破するため，彦根仏壇産地では，これまでにさまざまな活動を行ってきている。そこで，本章では彦根仏壇の製造・販売工程について確認したうえで，「これまでに彦根仏壇産地ではどのような活動が行われてきたのか」について明らかにすることを主たる目的とする。以下，本章の構成について述べる。第2節では，彦根仏壇の製造・販売工程についてみていく。ここでは，彦根仏壇の製造・販売工程に関する全体の流れおよび各製造工程(木地，宮殿，彫刻，塗装〔漆塗り〕，錺金具，金箔押し，蒔絵，組立〔仏壇店・問屋〕)について確認する。第3節では，彦根仏壇産地の活動についてみていく。具体的には，彦根仏壇産地での活動を大きく(1)創作仏壇に関する活動，(2)研究会・イベント関連の活動に分類し，それぞれについて確認する。第4節では，本章のまとめと今後の課題について述べる。

2. 彦根仏壇の製造・販売工程

本節では，彦根仏壇の製造・販売工程についてみていく。最初に，彦根仏壇の製造・販売工程全体の流れについて確認する[2)]。まず，一般消費者や小売店から仏壇店に商品の発注がなされる。そして，仏壇店は工部七職と呼ばれる職人たちに各工程の作業を依頼する。各工程の作業が終了すると，仏壇店はその都度検品し，次の工程へと作業を進める手配を行う。その後，仏壇店は各工程で完成した部品を組み立て，商品を一般消費者や小売店へ販売するという流れになっている。次に，工部七職と仏壇店（組立・販売）の工程について概観する。

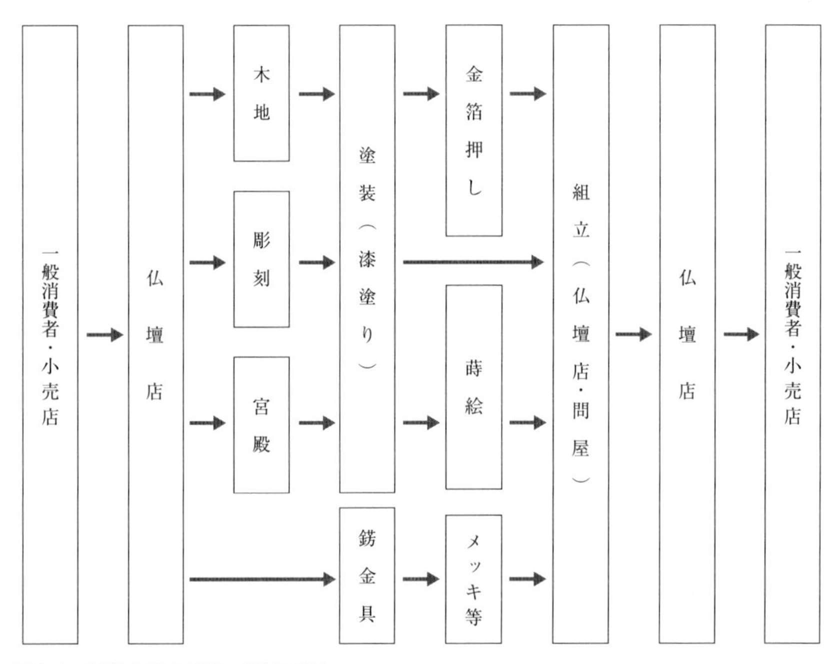

図1.1　彦根仏壇の製造・販売工程

※当該図は，井上仏壇店提供資料をもとに筆者が作成。

［木地］欅，檜，杉などの木材を目利きし，仏壇の本体を製造する工程である。製造する際に必要な設計図は「杖」と呼ばれる１本の棒であり，ここに設計に関する詳細な情報が刻まれている[3)]。この工程では，職人は釘を使わない「ほぞ組み」という方法で仏壇の本体を組み立てる。

［宮殿］円柱状の柱から屋根の瓦にいたるまで，ヒバや檜，紅松などの細かい材料を多数用いて小木片細工を組み上げる工程である。この工程は加工度が高く，宮殿師は仏壇の構成美において重要な役割を担っている。この工程も木地と同様に，ほぞ組みで組み立てられているため，分解が可能になっている。

［彫刻］仏壇の装飾部に，のみや小刀といった道具を用いて花，羅漢，天人，菩薩などのデザインを彫り上げる工程である。この工程では，下絵を描き，それをもとに植物や動物などの立体物を彫刻していく。彫刻師は主に檜や紅松を素材として用いており，場合によっては欅を用いることもある。

［塗装（漆塗り）］仏壇の製造において，最も重要とされているのが，この塗装（漆塗り）の工程である。塗装（漆塗り）を行うことのメリットは仏壇の耐久性の向上と装飾にある。塗装（漆塗り）は，下地，中塗り，上塗りといった順で行われ，さらに研ぎ出しや磨きといった蝋色工程（鏡面仕上げ）を経る。仕上げについては，漆風呂や室と呼ばれる特別な乾燥部屋で行われる。

［錺金具］真鍮，銅，銀などを彫金（手彫りや手加工）という技術により，多数の装飾金具や蝶番（扉の取り付けなどの実用的な金具）を仕上げていく工程である。この工程には，毛彫り，浮彫り，地彫り，鋤彫といった作業があり，用いられる金具の数は普通の仏壇の場合でも300以上あるとされる。

［金箔押し］彦根仏壇は，金箔押しにより内装が出来上がるため，別名「金仏壇」とも呼ばれる。金箔押師は３寸６分（約119㎠）と４寸２分（約147㎠）の面積を持つ金箔を１枚ずつ箔押漆の上に押しつけ，張り合わせていく。金箔が密着するには温度25℃，湿度80%程度の室のなかで24時間かかるとされ，仏壇１本あたり1,000枚を超える金箔が使用される。

［蒔絵］彦根仏壇の蒔絵は，泥[4)]盛り蒔絵，漆盛り蒔絵，研ぎ出し蒔絵など

豪華さを打ち出している点に特色がみられる。蒔絵の工程は以下の通りである。最初に下絵の図柄を黄おうまたは漆を用いて描き，泥盛りや漆を塗ることで調整し，金粉等を蒔く。そして，そのうえに青貝を入れ，研ぎ，磨くことで仕上げの線を描く。この工程は，仏壇の完成に近い段階で行われ，大掛かりな乾燥を必要とせず，仕上がりにかかる期間はほかの工程よりも比較的短いとされる。なお，図柄には花鳥，山水，人物などがある。

［組立（仏壇店・問屋）］彦根仏壇は組立の工程を仏壇店（問屋[5]）が担当している。ここでの重要なポイントは，問屋は組立という職人的な側面だけでなく，販売などの商的な側面も担っているという点である。そこで，ここではそれらの点について確認しておく。前者は，各工程で完成した部品を集め，組み立てるという一連の加工工程を指す。後者は，消費地問屋からの受注を受け，ストック生産を企画し，生産統制，販売，金融といった業務を担当することを指す。

3. 彦根仏壇産地における主な活動

彦根仏壇産地ではこれまでにさまざまな活動が行われている。ここでは，それらの活動のうち，主に(1)創作仏壇に関する活動，(2)研究会・イベント関連の活動についてみていく。

表1.1　彦根仏壇産地における主な活動

創作仏壇	研究会・イベント関連
・ジャガーグリーンの仏壇 ・電動昇降式仏壇 ・ユニット家具形式・漆塗り扉の壁面収納家具 ・柒⁺	・虹の匠研究会 ・彦根仏壇展・工芸技術コンクール ・七曲がりフェスタ ・その他の活動 （全国伝統的工芸品仏壇仏具展／文化財・寺社仏閣・海外市場調査／高級甲冑の製造／曳山ミニチュア製作など）

※当該表は，筆者が作成。

3.1　創作仏壇に関する活動

ここでは，彦根仏壇産地で行われてきた，創作仏壇に関するさまざまな活動について確認する。具体的には，ジャガーグリーンの仏壇，電動昇降式仏壇，ユニット家具形式・漆塗り扉の壁面収納家具，「柒⁺」についてみていく。

ジャガーグリーンの仏壇

ジャガーグリーン[6)]の仏壇を生み出したのは仏壇工房「阿吽」である。同工房は2003年に木地師，宮殿師，漆塗師，錺金具師ら６人の職人により誕生した。この仏壇は「伝統工芸品としての基準を満たしつつ，現代に合う仏壇を作れないか」という考えのもと開発された[7)]。また，この製品は「職人だけで仏壇をつくる」というコンセプトのもと，さまざまな工夫が施されている[8)]。製作に関わった宮殿師は法隆寺まで赴いて研究した。また，メンバーは試作した186色の中から仏壇に用いる漆を選び，漆塗師が半年かけて仕上げた[9)]。

この製品の特徴は，ジャガーグリーン色の漆を用いていることや，洋家具のような四本脚のスタイルであるため，イスに座って手を合わすことが出来ることにある[10)]。この仏壇は洗練された洋家具風の概観が高く評価され，近畿経済産業局長賞を受賞している[11)]。

電動昇降式仏壇

電動昇降式仏壇は，彦根仏壇産地の仏壇店が京都の大学との産学連携事業で開発したものである。この製品には本漆や本金が用いられているため，高級感が演出されている。また，洋風住宅にもフィットするようなデザインが特徴である。サイズは高さが約76㎝（仏壇収納時：約54㎝），幅29㎝，奥行き29㎝と小型であり，三具足や線香などを収納する引き出しも用意されている。なお，昇降は簡単なワンタッチのボタン操作で行い，昇降時間はそれぞれ約10秒，そして静音である。この製品は2005年の５月に開催された「第18

回全国伝統的工芸品仏壇仏具展」(名古屋市)で近畿経済産業局長賞を受賞している[12]。

ユニット家具形式・漆塗り扉の壁面収納家具

この製品は,2005～2006年度に,現代住宅のリビングに,仏壇を置くスペースを作るデザインを検討することから開発がスタートした。開発を行うにあたり,家具メーカーに製作を依頼し,その結果「ぶつま」が試作された[13]。面矢は,この時は「仏壇自体のデザインではなく,仏壇をどのように現代の居住空間に組み込むかに焦点を置いた研究/開発だった」と述べている(面矢,2015:10)。

翌年の2007年度には,この製品をさらにデザイン性の優れたものにすることをテーマに製品デザインを再検討した[14]。その結果,「マンションや小スペースにも置ける薄型の飾り棚(スライド式扉で開閉し,両脇にガラス棚,ダウンライト内臓)を試作し,東京の百貨店で展示した」(面矢,2015:10)。

「柒+」

「柒+」が誕生したきっかけは,滋賀県中小企業団体中央会の「ものづくり感性価値向上支援プロジェクト」である。このプロジェクトは,滋賀県の伝統産業を対象に,現代のライフスタイルに適合したものづくりをさまざまな分野の専門家とともに行っていくものである。このプロジェクトに彦根仏壇事業協同組合青年部有志が参加することになり,さまざまな勉強会を行ったのち,2011年に同組合の青年部有志5名が「柒+」を結成した。このグループは,「新しい祈りのかたち」をコンセプトにさまざまな創作仏壇を開発・販売している[15]。

3.2 研究会・イベント関連の活動

次に,研究会・イベント関連の活動について確認する。具体的には,虹の匠研究会,彦根仏壇展・工芸技術コンクール,七曲がりフェスタ,その他の活動についてみていく。

虹の匠研究会

この研究会は，1997年に彦根仏壇事業協同組合の代表者数名，滋賀県工業技術総合センター，滋賀県立大学，滋賀県内のデザイナー団体（デザインフォーラムshiga，略称DFS）数名によって組織された。会の名称は，仏壇の七職と七色の虹をかけてつけられている。同研究会の活動は，「現状の仏壇産業の抱える問題点の抽出，デザインによるその解決策の検討など」からはじまった（面矢，2015:5）。研究会では，仏壇業界の現状把握や彦根仏壇のプロモーション方法などを議論し，構想を練るなどの活動が行われた[16)]。具体的には「議論やアイデア出しなどの会合のほかにも，講師を招いての勉強会，デザイナーのための工房・工場見学会，仏壇展示会における来場者アンケート調査などをおこなった」（面矢，2005:73；2015:5）。

彦根仏壇展・工芸技術コンクール

面矢は，彦根仏壇産地における定例イベントとして「彦根仏壇展」と「工芸技術コンクール」をあげている（面矢，2015:6-7）。前者は彦根市内のショッピングセンター等を会場にして行われるイベントであり，彦根仏壇の市場開拓を目的にしている[17)]。たとえば，「第30回くらしの中の彦根仏壇展」（2011年11月３～５日開催）では，イベントとして無料体験教室（オリジナルの数珠ブレスレットを作成：講師はひこね連美の会，彦根仏壇事業協同組合青年部）や仏壇仏具供養会（導師並びに講師：光淵寺，主管：彦根仏壇事業協同組合青年部）といったイベントが行われた。そして，出品点数は総数で約112点（内訳，仏壇：25本，仏具：約10点，作品：７点，仏扇：50本，内敷きリサイクル作品：約20点）であり，入場者数は３日間で約1,000人にのぼった[18)]。

また，後者は仏壇技術の継承と若手育成のためのイベントである。このイベントでは，毎年，彦根仏壇事業協同組合の組合員から作品を募集し，審査および優秀作品の表彰が行われている。審査委員は仏壇組合の幹部と技術委員，組合の外部からは国・県・市の産業振興行政の関係者が加わっている。また，審査は伝統工芸部門と創作部門の２部門に分かれて行われている[19]。

七曲がりフェスタ

このイベントは，かつて仏壇製造に関わる職人の工房や販売店が集まっていた七曲がりを会場とし，一般の集客を目的としたものである。このイベントは「七曲がりフェスタ」と名づけられ，2012年から本開催されている。同イベントには県・市それぞれから補助金が交付されている。面矢は「組合員達の求心力を高め，周辺住民や，業界周辺の関係者への認知を強化する効果

表1.2　七曲がりフェスタでの主な催し（2014年11月開催）

催しの類型	具体的な内容
展示・ワークショップ	・一五市（運営：小江戸ひこね町家活用コンソーシアム） 古道具市，喫茶，ワークショップ（ハンコづくり体験／絵付け体験） ・ひこね一絵,ぶらり写真散歩（運営：特定非営利活動法人 Links） 街歩きイベント（写真散歩） ・Otonoto（運営：滋賀大学） 江戸時代から残る古民家を，当時の音により再現するイベント ・仏壇博物館・新商品展示 ・仏壇展示
実演・体験	・実演 （漆塗り・仏壇修復／宮殿／蒔絵／仏壇組立／金箔押し／彫刻／木地／錺金具） ・実演／体験 （木珠） ・伝統工芸体験（運営：彦根仏壇事業協同組合,彦根仏壇伝統工芸士会） 彦根仏壇の伝統的工芸品をクラフトで体験するイベント （桐下駄づくり,マイ箸づくり,彫刻・蒔絵・金箔を使った飾り額など）
イベント	・まち歩きイベント 七曲がり惣発見（運営：まち遺産ネットひこね） 仏壇の展示と職人の実演を見学しながら，ガイド付きで七曲がりのまちを歩くイベント ・お地蔵さんスタンプラリー
その他	・飲食 ・物販など

注１）このイベントでは，当該表に記載されているもの以外にもさまざまな催しが行われている点には注意が必要である。
※当該表は，「七曲がりフェスタ」（2014 年版，パンフレット）をもとに筆者が作成。

があったと思われる」と，このイベントの効果を述べている（面矢，2015:11）。

なお，表1.2は，2014年11月に開催された七曲がりフェスタにおける主な催しをまとめたものである。

その他の活動

そのほかにも彦根仏壇産地では，2003年に彦根で開催された「全国伝統的工芸品仏壇仏具展」[20]や，文化財・寺社仏閣・海外市場調査[21]，高級甲冑の製造[22]，曳山ミニチュア製作[23]など，さまざまな活動が行われている。

4. おわりに

本章では，仏壇業界で有名な彦根仏壇産地を取り上げ，彦根仏壇の製造・販売工程や産地における活動について概観した。最初に，本章では彦根仏壇の製造・販売工程ならびに産地における活動について確認した。まず，彦根仏壇の製造・販売工程について，工程全体の流れおよび各製造工程（木地，宮殿，彫刻，塗装〔漆塗り〕，錺金具，金箔押し，蒔絵，組立〔仏壇店・問屋〕）についてみてきた。次に，彦根仏壇産地における活動について大きく（1）創作仏壇に関する活動，（2）研究会・イベント関連の活動に分類し，それぞれについてみてきた。（1）では，ジャガーグリーンの仏壇，電動昇降式仏壇，ユニット家具形式・漆塗り扉の壁面収納家具，「柒+」についてみてきた。（2）では，虹の匠研究会，彦根仏壇展・工芸技術コンクール，七曲がりフェスタ，その他の活動についてみてきた。

最後に，本章の課題について述べる。彦根仏壇産地には，独自に高度な仏壇の製造技術をいかした活動を行っているアクターが存在している。そのため，今後は彦根仏壇産地全体の現状をおさえつつ，そのようなアクターの活動にも目を向ける必要がある。

注

1）ここでの記述は，彦根市役所（2012:23）および2018年２月25日，井上昌一（井上仏壇店代表）への聞き取り（150分，「彦根仏壇の現状」ほか）を参考にした。
2）本節の記述においては，2018年１月22日，井上昌一（井上仏壇店代表）への聞き取り（150分,「彦根仏壇の製造・販売工程について」ほか）および同店提供資料「彦根仏壇 工房見学 & 工芸体験ツアー IN 七曲り職人通り〔パンフレット〕」，彦根仏壇事業協同組合・彦根仏壇史編纂委員会編集（1996:36-7）を参照している。
3）これは，昔は紙に書くよりも，実寸がわかる杖に書く方が効率的だという理由があったと考えられる（2018年２月25日，井上仏壇店代表井上昌一への聞き取りによる〔150分，「杖を用いる理由」ほか〕）。
4）「泥」とは砥粉と膠を練り合わせたものであり，漆塗りの下地にも使用されている（2018年２月25日, 井上仏壇店代表井上昌一への聞き取りによる〔150分,「泥について」ほか〕）。
5）問屋とは「生産者から商品を仕入れ，小売商に卸売りする店や人」という意味（中島, 2002:167）であるが，ここでは一般消費者に対しても販売するという意味で用いている。また，ここでは問屋を仏壇店と並列して表記しているが，それは本章では両者は同じ役割を果たすものとしてとらえているためである。
6）ジャガーグリーンとは「名車ジャガーの基本色。ジャガーグリーンと呼ばれるブリティッシュグリーンで，英国のナショナルカラー」である（『DADA Journal』2004.1.11.上旬 vol.338）。
7）『読売新聞』2004年２月14日付。
8）『DADA Journal』2004. １.11.上旬 vol.338。
9）『読売新聞』2004年２月14日付。
10）『DADA Journal』2004. １.11.上旬 vol.338,『読売新聞』2004年２月14日付。
11）『読売新聞』2004年２月14日付。
12）『中外日報』2005年７月28日付。
13）彦根仏壇事業協同組合『平成18年度「新企画商品開発事業」』実施報告書 p.2。
14）彦根仏壇事業協同組合『平成19年度「新企画商品開発事業」』実施報告書 p.1。
15）2018年２月25日, 井上昌一（井上仏壇店代表）への聞き取りによる（150分,「『柒⁺』について」ほか）。
16）虹の匠研究会, 2000,『伝統産業 彦根仏壇の展望』p.2。
17）彦根仏壇事業協同組合『平成23年度 地場産業新戦略補助事業実施報告書』p.9。

18) 彦根仏壇事業協同組合『平成23年度 地場産業新戦略補助事業実施報告書』pp.9-12。ただし，入場者数に関しては「第２回 職の見本市展」と同時開催のため，両者を合計したものである点には注意が必要である。

19) ここでの記述は，面矢（2015:6-7）を参照した。

20) ここで行われたイベントとしては仏前結婚式，伝統工芸体験コーナー（錺金具，蒔絵，金箔押し，木彫刻，念珠），伝統工芸士の実演，青年部サミットなどがある（「第17回 全国伝統的工芸品仏壇仏具展 座㊥BUTSUDAN 心の豊かさ―コミュニケーションメディアとしての仏壇―」〔チラシ〕）。

21) ここでの活動としては「Ⅰ．文化財・寺社仏閣修復関係調査研究」，「Ⅱ．海外市場関係調査研究」がある（彦根仏壇事業協同組合『平成23年度 地場産業新戦略補助事業実施報告書』pp.1-8）。

22) この試みは彦根仏壇事業協同組合と彦根商工会議所が2017年からはじめたもので，仏壇の製造技術を活用し，「井伊の赤備え」として有名な彦根藩主の甲冑を再現したものである。この製品は限定５領で販売され，すでに４領に買い手がついている（『朝日新聞』2018年１月５日付）。

23) 2018年２月25日，井上昌一（井上仏壇店代表）への聞き取りによる（150分，「曳山ミニチュア製作について」ほか）。

引用・参考文献

面矢慎介, 2005,「彦根仏壇組合との10年――デザイン・伝統産業・大学――」滋賀県立大学人間文化学部研究報告『人間文化』pp.73-8。

面矢慎介, 2015,「彦根仏壇産業の歴史と現在」*Bulletin of Asia Design Culture Society* ISSUE NO.9 ORIGINAL ARTICLES NO.2015JT007 Accepted March11, 2015.

中島一, 2002,『續 城と湖のまち彦根 ――歴史と伝統、そして――』サンライズ出版。

中村勝直監修, 1962,『彦根市史 中冊』彦根市役所。

彦根市役所, 2012,『風格と魅力ある都市 彦根』〔彦根市勢要覧〕。

彦根仏壇事業協同組合・彦根仏壇史編纂委員会編集, 1996,『淡海の手仕事――通商産業大臣指定・伝統的工芸品 彦根仏壇――』〈伝統的工芸品産地指定二十周年記念誌〉彦根仏壇事業協同組合。

第2章

井上仏壇店の組織概要と活動

井上仏壇店（店内）

本章では，本研究の調査対象である井上仏壇店・㈱井上（以下，井上仏壇店）の組織概要と活動について概観する。

1. 井上仏壇店の組織概要

本節では，最初に井上仏壇店の沿革について確認し，同店の組織形態や近年における位置づけについてみていく。まず，井上仏壇店の沿革について確認する。同店は，1901年に初代井上久次郎が叔父の錺金具師である久田休三朗より仏壇の錺金具職人として彦根市沼波町で独立創業したのがそのはじまりである。その後，1918年に現在の彦根市芹中町へ活動の拠点を移した。仏壇の製造をはじめたのは1920年ごろであり，1948年には本格的に仏壇の製造・販売を開始するようになる。その6年後には彦根仏壇同業組合（現彦根仏壇事業協同組合）に加入した。1991年からは，現在の代表である井上昌一が事業を継承している。

表2.1　井上仏壇店の組織概要

屋号	井上仏壇店 カフェ雑貨 chanto（シャント） ウォッチワインダーケース INOUE
社名	株式会社　井上
所在地	滋賀県彦根市芹中町50番地
創業	1901年　井上仏壇店　創業 2009年　株式会社　井上　設立
資本金	5,000,000円
代表者	井上昌一
事業内容	・仏壇製造販売,洗濯修理 ・仏具,寺院仏具,掛軸の販売,洗濯修理 ・インテリア製品の製造販売など
取引先件数	約30件（仏壇関連職人など）
従業員数	2名

※当該表は，井上仏壇店 HP[1)] をもとに，筆者が作成。

次に，井上仏壇店の組織形態について確認する。同店は1901年に創業した井上仏壇店，2009年に設立した㈱井上により構成されている。前者は個人事業者であり，主に彦根仏壇の製造を行っている。これに対し，後者は主に広報活動や製品開発・販売活動を行っており，分業化を行える組織形態が構築されている。以上の内容を踏まえ，本章では井上仏壇店（個人事業者）と㈱井上をまとめて「井上仏壇店」とする。なお，同店はこれまでに数多くの賞を受賞していることに加え，2016年には経済産業省「はばたく中小企業・小規模事業者300社」に選定されるなど，現在においても高い評価を受けている[2)]。

2. 井上仏壇店の主な活動

本節では，井上仏壇店の主な活動について概観する。ここでは，同店の活動のうち(1)製品開発に関する活動，(2)社会貢献・その他の活動についてみていく。表2.2は，本節で取り上げる井上仏壇店の主な活動についてまとめたものである。

表2.2　井上仏壇店の主な活動

製品開発に関する活動		社会貢献・その他の活動
仏壇・仏具	それ以外	
・柒⁺ ・栄光(eco)仏壇 ・ご当地仏壇 ・金紙仏壇 ・御文・御文章カバー	・Black & Gold Collection ・chanto ・Mother Lake ・ぐい飲み ・INOUE	・彦根仏壇・伝統工芸インターンシップ ・絵本プロジェクト ・三軒茶屋プロジェクト ・他県の公立中学校の研修受け入れ ・井伊直弼の駕籠プロジェクト ・仏壇の選び方講習会・工房見学会など

注1）ここでは，井上仏壇店が主体となって行っているもののほかに，メンバーとして参加しているものも記載している点には注意が必要である。
※当該表は，井上仏壇店提供資料をもとに筆者が作成。

2.1 製品開発に関する活動

最初に，井上仏壇店の製品開発に関する活動についてみていく。同店の大きな特徴として，彦根仏壇をはじめとした従来の伝統的な仏壇のほかにも，さまざまな製品開発に関する活動を行っている点をあげることができる。そのため，ここではそれらの活動について大きく(1)仏壇・仏具に関する活動，(2)それ以外の活動に分類し，それぞれについてみていく。

2.1.1 仏壇・仏具に関する製品開発活動

ここでは，井上仏壇店の仏壇・仏具に関する製品開発活動のうち，「柒+」，栄光(eco)仏壇，ご当地仏壇，金紙仏壇，御文・御文章カバーについてみていく。

「柒+」

「柒+」は，滋賀県中小企業団体中央会の「ものづくり感性価値向上支援プロジェクト」をきっかけに，2011年に井上を含む彦根仏壇事業協同組合青年部有志5名が結成したグループである。「柒+」というグループ名は，「柒(ナナ)」[3]という字を彦根仏壇の「七」職と掛けて，さまざまな形で「+(プラス)」にしていこうという思いを込めて名づけられている。井上仏壇店は，このグループでインテリア性の高い仏壇である「瞑想―meiso―」や，故人を偲ぶBOXタイプの「黒戸」といった製品などを開発・販売している。現在，メンバーは展示販売会を中心とした「直販」というスタイルをメインに活動している。

栄光(eco)仏壇

井上仏壇店が栄光仏壇を開発するようになったのは，2004年に顧客から「天然素材だけを使って修理をしてほしい」と頼まれたことがきっかけである。このような依頼を受け，井上は従来の仏壇洗濯の手法に注目し，使用する塗料の成分をチェックした。井上は，そのような準備をし，翌年に修理を開始，一般的な洗濯の約２倍の時間を費やして作業を行った。このような経験を経て，井上はシックハウス症候群に対応した栄光仏壇を開発した[4]。栄光仏壇を洗濯する際には木地に天然の無垢材を使用し，手作業で天然漆を塗装するという作業を行っている。

ご当地仏壇

この製品は，2013年に顧客からの依頼を受けたことをきっかけに製造された。井上仏壇店は顧客の依頼に応え，彦根屏風や彦根城天守[5]を描いた仏壇の製造に着手した。この仏壇は顧客の要望に応えたオーダーメイド型の仏壇であり，デザインに彦根屏風や彦根城天守を用いた仏壇を製造するのは，井上仏壇店にとってはじめての試みであった。彦根屏風はカラー色を出すために，京都の色彩師に依頼し，金箔の上に岩絵の具を用いて描かれている。また，彦根城天守とその背景については，彦根仏壇の蒔絵師の手によって黒い漆地に金粉を用いて描かれている。

金紙仏壇（梅花）

この製品は，「傷がつきにくい仏壇をつくる」というコンセプトのもと開発された。一般的に，仏壇で用いられている金箔は無地で耐久性が低いため，傷がつきやすい。そのような課題を克服するために井上仏壇店は金紙仏壇を開発した。この仏壇は金箔の代わりに金紙（紙に金を貼り付けているもので，寺などの壁に貼ってある壁紙のこと）を用いているため，剥げることはなく，耐久性も向上している。さらに，同店は金紙という特性をいかし，金箔では加えることのできない模様をつけることにも成功している[6]。

御文・御文章カバー

この製品を開発したきっかけは，2010年の上半期に現在の「Mother Lake Products」で，井上が長浜市で組織物業を営むH氏と出会ったことにある。

その時，井上はH氏に御文・御文章カバーの企画を持ち込んだ。その背景には，井上が仏壇業界に身をおいていて，「一般的に経本[7]はかなりぼろぼろになるまで使い込まれているのに，経本カバーというものがあまり見当たらない」という思いを抱いていたためであった。

この製品の特徴として，ドライクリーニングが可能であることや，宗派の紋が加熱プレスによる3D加工で表現されていること[8]などがある。製品のラインアップには，浄土真宗の東本願寺用（御文）と西本願寺用（御文章）がある。この製品は2012年11月１～２日に京都みやこメッセで開かれた全国仏壇仏具総合展示見本市への出展時に発売された[9]。

2.1.2 仏壇・仏具以外の製品開発活動

ここでは，井上仏壇店の仏壇・仏具以外の製品開発活動のうち，「Black & Gold Collection」，「chanto」，「Mother Lake」，ぐい飲み，「INOUE」についてみていく。

「Black & Gold Collection」

井上仏壇店は仏壇市場は基本的に国内にしかなく，今後，新たな試みを行うにはグローバルレベルでものを考え，製品開発を行う必要があるとして，「Black & Gold Collection」を立ち上げた。同ブランドは「chanto」の前身ブランドである。このブランドは，彦根仏壇の製造技術を用いたインテリア製品シリーズであり，基本デザインは漆（＝Black）と金箔（＝Gold）を組み合わせたものを採用している[10]。井上仏壇店は，同ブランドを2009年に開催されたニューヨーク国際現代家具見本市に出展し，花器，照明具，書類ケースなど装飾工芸品17点を展示・販売した。これらの製品には仏壇の蒔絵，塗装，木地，錺金具，金箔押しの技術が応用されている[11]。

「chanto」

「chanto」ブランドは，前述した「Black & Gold Collection」として出展

したニューヨーク国際現代家具見本市のあとに誕生した。井上は，この見本市で知り合ったデザイナーのS氏や，滋賀県工業技術総合センターの人たちといったメンバーを中心に,「chanto」ブランドのコンセプトを決定していった。同ブランドのコンセプトは，漆器産地でもだせないようなカラフルで鮮やかな色漆を用いたカフェ用品シリーズ，というものであり，2011年から正式販売されている。なお,「chanto」という名称は，彦根の言葉で「背筋を伸ばし，集中する」という意味の「しゃんと」から名づけられている[12]。

「Mother Lake」

「Mother Lake」というブランド名は，母なる湖＝琵琶湖にちなんで名づけられたものである。このプロジェクトは，2010年に滋賀県の担当職員と同プロジェクトのコーディネーター役を務める大学教員が県内の伝統産業企業を視察し，現状を把握することからはじまった。

その結果，プロジェクト参加への呼びかけに応じた地場産業５社[13]の参加が決まり,井上仏壇店もその中に加わることになった。同店は,このプロジェクトで，冷酒カップ，ビアカップ，焼酎カップなどの製品を開発・販売している[14]。

ぐい飲み

この製品は，2016年に滋賀県内の酒造業者から井上仏壇店にコラボレーション製品の開発・販売を提案したことをきっかけに開発された。このプロジェクトで，井上仏壇店は「Mother Lake Products」用に作った冷酒用のぐい飲みを活用した[15]。この製品は，カバノキ科のミズメザクラを材に用いている。そして,表は木目をいかすために塗装はせず[16],内側に赤漆[17]を塗っている。この製品には，(1)酒が冷やでもかんでも温度が変わりにくい，(2)漆には殺菌作用があり，口触りが良くなる，といった特徴がある[18]。

「INOUE」

同ブランドは前述した「chanto」の課題を克服するために誕生したものである。井上は，2012年の後半から「『chanto』をさらに進化させたものを製造し，販売したい」という思いを抱きはじめた。そして，翌年の夏ごろから「彦根仏壇 工房見学 & 工芸体験ツアー」という新ブランド実現にむけた活動を実施した。このツアーの目的は海外の富裕層に参加してもらい，どのような製品が求められているのかをリサーチすることであった。そのような活動を通して誕生したのが，新ブランドである「INOUE」である[19]。現在，同ブランドの製品にはウオッチワインダーケースがあり，「四方〔SHIHOU〕」，「宮殿〔KUDEN〕」，「壇〔DAN〕」，「吉祥〔KISSO〕」，「破風〔HAFU〕」といった製品がラインアップされている。

2.2 社会貢献およびその他の活動

井上仏壇店は製品開発に関する活動以外にもさまざまな活動を行ったり，参加したりしている。ここでは，それらの活動のうち，彦根仏壇・伝統工芸インターンシップ，絵本プロジェクト，三軒茶屋プロジェクト，他県の公立中学校の研修受け入れ，井伊直弼の駕籠プロジェクト，仏壇の選び方講習会・工房見学会を中心にみていく。

彦根仏壇・伝統工芸インターンシップ

彦根仏壇・伝統工芸インターンシップ（以下，インターンシップ）は，2008年に井上が伝統工芸の職人の養成を目的に開校した京都伝統工芸大学校[20]に企画を持ち込んだことをきっかけにはじまった。井上が企画を持ち込んだ理由は，彦根仏壇産地には若手の職人がほとんどおらず，彦根で若手の職人を育成したいという思いを抱いたためである[21]。

井上は，学生の立場に立って時間が取りやすい夏休み期間中にインターンシップを設定した。さらに，学生がインターンシップに参加するにあたり，必要となる費用（交通費，宿泊費，食事代）は井上仏壇店が負担している[22]。

なお，この活動は2008～2010年の３年間にわたって行われた[23)]。

絵本プロジェクト

このプロジェクトの主体は，井上仏壇店と彦根市内に活動拠点を置くNPO法人「Links（リンクス）」[24)]である。このプロジェクトは，地元の若い世代の人たちが彦根仏壇についてあまり知らないという現状から，絵本をきっかけに子供たちに地場産業への理解を深めて欲しいというメンバーの思いによりはじまった。このような思いからメンバーは2009年度に開幕した「井伊直弼と開国150年祭[25)]」の市民創生事業として絵本の制作を進めた[26)]。絵本のストーリーは，「彦根大仏」と呼ばれるお地蔵さん（大仏延命地蔵菩薩）が七曲がり[27)]の散歩に出かけるところからはじまり，そのなかで職人から仏壇造りについての説明を受けるというものである[28)]。このように，絵本は地域と職人をテーマにしたものであり，七曲がり地域に仏壇産業が存在している理由や職人たちの仕事について説明している[29)]。

この絵本は彦根市内の幼稚園，小学校，保育園（含無認可），放課後児童クラブなどに各１冊づつ配布された[30)]。また，彦根医師会所属の医療機関にも配布された[31)]。

三軒茶屋プロジェクト

ここでは，三軒茶屋プロジェクトを「三軒茶屋のオープンおよび運営」ととらえ，説明する。まず，三軒茶屋のオープンについてみていく。七曲がり地域には情緒ある町並みが存在するものの，近年では人通りが少なく，高齢化などの要因により空き家も増加していた。そのような状況を受け，井上仏壇店と「Links」がまちを元気にして観光客を呼び込もうと計画を立てたのが三軒茶屋をオープンしたきっかけである。そして，計画の実働部隊である「チームななちょ」が結成された[32)]。三軒茶屋の運営については「Links」が担当し，現在では井上仏壇店の２階で活動している。

他県の公立中学校の研修受け入れ

井上仏壇店は他県の公立中学校の研修を受け入れている。この学校は，1990年代頃から県外の環境や伝統技術などのさまざまな分野で活躍する人たちの生き方を学ぶことを目的とする活動を行っている[33]。井上仏壇店は2012年からこの研修を受け入れている。研修の大まかな流れは以下の通りである。まず，井上仏壇店で井上による仏壇についての説明や解説がなされる。ここでは，実際の製品や映像を交え，産地の特色や新商品の取り組みなどについての解説などが行われる[34]。そして，生徒たちは彦根仏壇の職人が働く工房を訪れ，金箔押師の指導を受けながら，金箔押しを実際に体験するという流れになっている[35]。

井伊直弼の駕籠プロジェクト

井上仏壇店がこのプロジェクトに参加したのは，井上昌一自身がこの駕籠の修復作業を通じて彦根仏壇の伝統技術をアピールし，地場産業の活性化につなげようという思いを抱いたためである。このプロジェクトには井上（井上仏壇店），「Links」，彦根仏壇の職人らが参加した。この駕籠は男性用であり，大久保小膳（井伊家の家臣であり，井伊直弼の茶道の弟子であった人物）が直弼の没後に埋木舎と一緒に譲り受け，その後，大久保家に代々伝承されてきたものである[36]。

修復作業は2008年からはじまり，翌年に作業が終了した。その後，修復された駕籠は彦根市役所で展示された。

仏壇の選び方講習会・工房見学会

この活動は，2004年からスタートしたチラシの作製からはじまったものである。チラシは仏壇の販売を促進するために作製され，仏壇そのものについての説明はあくまでサブ的な位置づけであった。その後，2008年からはチラシは仏壇の講習会や彦根仏壇の職人の工房見学に関するものへと変化していった。仏壇の講習会は参加者に対し，仏壇そのものについての説明や仏壇を購入する際の注意点などについて必要な知識を伝えている[37]。また，工房見学会では，彦根仏壇の職人の工房見学を実施している。

本項では，井上仏壇店の社会貢献およびその他の活動についてみてきた。そのほかにも，同店は日米学生会議の受け入れ，なんでも個別相談会，仏壇供養会など，さまざまな活動に関わっている[38]。

注

1）井上仏壇店HP「井上仏壇―店舗のご案内」（http://inouebutudan.com/shop.html, 2017年３月４日閲覧）。

2）『滋賀彦根新聞』2016年６月15日付。なお，井上仏壇店の褒章歴は以下の通りである。1978年：彦根市伝統的工芸品産業技術者表彰（井上富蔵），1979年：第２回全国仏壇展大阪通商産業局長賞，1981年：第４回全国仏壇展彦根市長賞，1982年：第５回全国仏壇展彦根市長賞，1983年：全国仏壇展日本放送協会（NHK）賞，1984年：全国仏壇展彦根市長賞，滋賀県優秀技能者表彰（井上富蔵），1995年：彦根市伝統的工芸品産業技術者表彰（井上基順），1997年：第14回全国仏壇展近畿通商産業局長賞，2000年：彦根市伝統的工芸品産業技術者表彰（井上和子），2003年：第17回全国仏壇展彦根市長賞，2007年：第19回全国仏壇展彦根市長賞，2013年：第21回全国仏壇展滋賀県知事賞，2015年：第22回全国仏壇展滋賀県知事賞，2016年：経済産業省「はばたく中小企業・小規模事業者300社」に選定（井上仏壇店HP「ホーム｜当店の褒章歴」（http://www.inouebutudan.com/, 2018年２月15日閲覧））。

3）「柒」という字は「うるし」とも読まれる点には注意が必要である（2018年２月25日，井上仏壇店代表井上昌一への聞き取りによる〔150分，「『柒』の読み方について」ほか〕）。

4）2018年２月25日，井上昌一（井上仏壇店代表）への聞き取りによる（150分，「栄光（eco）仏壇について」ほか）。

5）小松秀雄によれば，「彦根市地域で国宝に指定されたのは，現在に至るまで，彦根城と彦根屏風の２件であり，国宝指定の天守をもつ城は松本，犬山，彦根，姫路の４城のみである」としている（上野輝将ほか６人，2015:235）。

6）2014年６月16日，井上昌一（井上仏壇店代表）への聞き取りによる（150分，「金紙仏壇について」ほか）。

7）経本とは「浄土真宗の本願寺派（西本願寺）や大谷派（東本願寺）で用いられ，室町時代の本願寺第八世で中興の祖とされる蓮如が，弟子や信徒らに手紙形式（消息体）でわかりやすく説いた教義をまとめた冊子。蓮如の死後，門徒らの生活規範となった。現在，本願寺派で『御文章（ごぶんしょう）』，大谷派は『御文（おふみ）』と呼び，信仰に不可欠な品となっている」（『近江同盟新聞』2012年10月26日付）。
8）『近江同盟新聞』2012年10月26日付。
9）『滋賀彦根新聞』2012年10月27日付。なお，価格は12,600円である（『滋賀彦根新聞』2012年10月27日付）。
10）『滋賀彦根新聞』2009年6月3日付。
11）『朝日新聞』2009年6月20日付。2018年2月25日，井上昌一（井上仏壇店代表）への聞き取りによる（150分，「『Black & Gold Collection』について」ほか）。
12）『毎日新聞』2010年10月31日付。
13）井上仏壇店以外は，ちりめん，麻，木珠，陶器といった分野で活動している企業である（『週間きもの』2012年 夏号）。
14）ここでの記述は，「Mother Lake」HP「漆塗りのカップ，プレート｜Mother Lake」（http://shiga-motherlake.jp/products/2820.html, 2017年3月6日閲覧）を参照した。
15）『朝日新聞』2016年10月26日付。
16）ただし，ウレタン（クリア）はしている。ウレタンは，家具にも使われる塗料の名称である（2018年2月25日，井上仏壇店代表井上昌一への聞き取りによる〔150分，「ウレタンについて」ほか〕）。
17）この色にしたのは「江戸時代に『井伊の赤備え』として知られた彦根藩のシンボルカラーにちなんでいる」ためである（『読売新聞』2016年11月22日付）。なお，ぐい飲みとお酒（4合瓶）のセット価格は1万800円（税込み）である（『朝日新聞』2016年10月26日付）。
18）『朝日新聞』2016年10月26日付。
19）『中日新聞』2016年6月16日付。
20）京都伝統工芸大学校とは，1995年に「京都伝統工芸専門校」として開校した学校である。開校の目的は伝統工芸の職人の養成であり，当時の経済産業省の支援計画の認定を受け，スタートした。なお，同校の名称は1995年に「京都伝統工芸大学校」に変更され，現在に至っている（『宗教工芸新聞』2009年1月15日付）。
21）『宗教工芸新聞』2009年1月15日付。

22) なお，井上仏壇店はインターンシップの費用の一部を県の制度を用いて賄っていた点には注意が必要である（『宗教工芸新聞』2009年１月15日付）。
23) この活動における学生の参加者数および受け入れ工房については以下の通りである（『近江同盟新聞』2009年８月24日付，2010年８月27日付）。2008年（参加人数：２人，受け入れ工房：金属加工，漆塗り），2009年（参加人数：５人，受け入れ工房：金属加工，漆塗り，錺金具，仏壇組立），2010年（参加人数：２人，受け入れ工房：蒔絵，彫刻）。
24) 「Links」は，子供や若者らに彦根市の魅力を見直してもらう活動を行っている団体である（『読売新聞』2010年４月14日付）。
25) 2010年３月24日に閉幕（『毎日新聞』2010年４月15日付）。
26) 『近江同盟新聞』2010年４月３日付。
27) 七曲がりとは，彦根市中心部を流れる芹川の近くの沼波，元岡，大橋，芹中，新の各町を通る仏壇街のことである（『中日新聞』2010年４月２日付）。
28) 『読売新聞』2010年４月14日付。
29) 『近江同盟新聞』2010年４月３日付。
30) 『近江同盟新聞』2010年４月３日付。
31) 『近江同盟新聞』2010年４月３日付。
32) 『読売新聞』2010年７月13日付。なお，「チームななちょ」の名称には「七曲がりでいっちょやったるか」という思いが込められている（2018年２月25日，井上仏壇店代表井上昌一への聞き取りによる〔150分，「『チームななちょ』の名称への思いについて」ほか〕）。
33) 『滋賀彦根新聞』2012年５月23日付。
34) 『近江同盟新聞』2012年５月21日付。
35) 『近江同盟新聞』2012年５月21日付。
36) 『近江同盟新聞』2009年３月３日付。
37) 現在では，井上仏壇店が作成した「失敗しない仏壇選び」などの冊子を参加者に配布している。
38) なお，井上仏壇店代表の井上昌一は，個人として彦根仏壇事業協同組合副理事長や，文化経済フォーラムの幹事，成安造形大学地域実践領域招聘教員といった肩書きをもっている（2018年２月25日，井上仏壇店代表井上昌一への聞き取りによる〔150分，「井上昌一個人の肩書きについて」ほか〕）。

引用・参考文献

上野輝将ほか6人, 2015,『新修 彦根市史 第4巻 通史編 現代』彦根市。

第3章

地域プロデューサーとしての井上仏壇店の製品開発戦略

chanto「コーヒーカップ」

1. 問題の所在

地域デザイン学会の主要理論フレームである「ZTCA (Zone-Topos-Constellation-Actors Network) デザインモデル」については，同学会の学会誌に登場して以来，さまざまな形で用いられ，議論がなされている (唐崎, 2016; 本田, 2017; 丸谷, 2015)。本章では，このZTCAデザインモデルのZ (ゾーン) についてさらなる分析を行うために原田 (2015) が提示した「深表統合モザイクゾーン」を用いて，地域価値の発現に貢献している地元企業の活動について分析し，考察していく。原田 (2015) が提示したこの分析枠組みは対象となるゾーンに，地理軸・歴史軸の２軸からとらえたコンテンツとしての文化を浮かび上がらせ，地域価値の発現プロセスを明らかにするものである。

本章の目的は，この地域価値を生みだすアクターに注目し，事例を通してその活動を製品開発の観点から分析し，考察することにある。事例として選択したのは，仏壇産業で有名な彦根仏壇産地に活動拠点を置く井上仏壇店・㈱井上 (以下，井上仏壇店) である。彦根仏壇産地は，1975年にわが国ではじめて仏壇業界において通商産業省から伝統的工芸品の指定を受けた地域である。そして，本研究の調査対象である井上仏壇店は，仏壇の製造技術をいかした製品開発を行うことで既存事業を中心とした事業全体の業績を大幅に改善させている (大橋, 2015)。さらに，近年では井上仏壇店も参加している彦根仏壇事業協同組合青年部有志で結成した「柒⁺」プロジェクトなど，彦根仏壇産地では，新たな製品開発が活発になされるようになってきている。

そのため，井上仏壇店を調査対象とし，彦根仏壇産地との関係性について製品開発の観点から分析・考察するにあたり，原田 (2015) の提示した深表統合モザイクゾーンを用いることは地域デザインの観点からみて，意義のあるものと考えられる。

以下，本章の構成について述べる。第２節では地域デザイン学会がこれまで提示してきた主要理論 (トライアングルモデル〔triangle model〕，ZCTデザインモデル〔zone, constellation, topos〕，ZTCAデザインモデル）の歴史的変遷について概観する。そのうえで，本章の分析枠組みである深表統合モザイクゾーンの概要について確認し，ここでのとらえかたについて述べる。第3節では，彦根仏壇産地および井上仏壇店の概要についてみていく。ここでは，彦根仏壇の製造・販売工程について確認し，井上仏壇店の組織形態や活動概要，そして同店のオリジナルブランドである「chanto」に用いている漆について詳細にみていく。第4節では，本章の分析枠組みである深表統合モザイクゾーンを用いて，彦根仏壇産地における地域プロデューサーとしての井上仏壇店の役割について，同店の製品開発活動の側面からみていく。ここでは，彦根仏壇産地における地理軸・歴史軸の2軸からとらえたコンテンツとしての文化を明らかにし，井上仏壇店の製品開発活動（「chanto」，「柒+」）についてみていく。そして，それらの内容を踏まえ，同店が自身の製品開発活動において彦根仏壇産地のどのコンテンツとしての文化を活用し，どのような地域価値を生み出している（または生み出しつつある）のか，その可能性について考察する。第5節では，結論と今後の課題について述べる。

2. 先行研究のレビューと本章の分析視角

本節では，地域デザイン学会において提示されてきた主要理論（トライアングルモデル，ZCTデザインモデル，ZTCAデザインモデル）についてレビューする。そして，そのうえで本章の分析枠組みである原田（2015）が提示した「深表統合モザイクゾーン」の概要について確認し，ここでのとらえかたについて述べる。

2.1 地域デザイン学会の理論的変遷

本項では，地域デザイン学会における理論的変遷についてみていく。具体的には，トライアングルモデル，ZCTデザインモデル，ZTCAデザインモデルについてレビューする。

2.1.1 トライアングルモデル

「地域デザインのモデルの出発点」として位置づけられているのがトライアングルモデルである(髙橋, 2016:118)。これは「ゾーンデザイン(zone design)」,「エピソードメイク(episode make)」,「アクターズネットワーク(actors network)」の3つの要素から構成されており，これらの要素によって地域ブランドの価値が現出するというものである(原田, 2013c:12)。

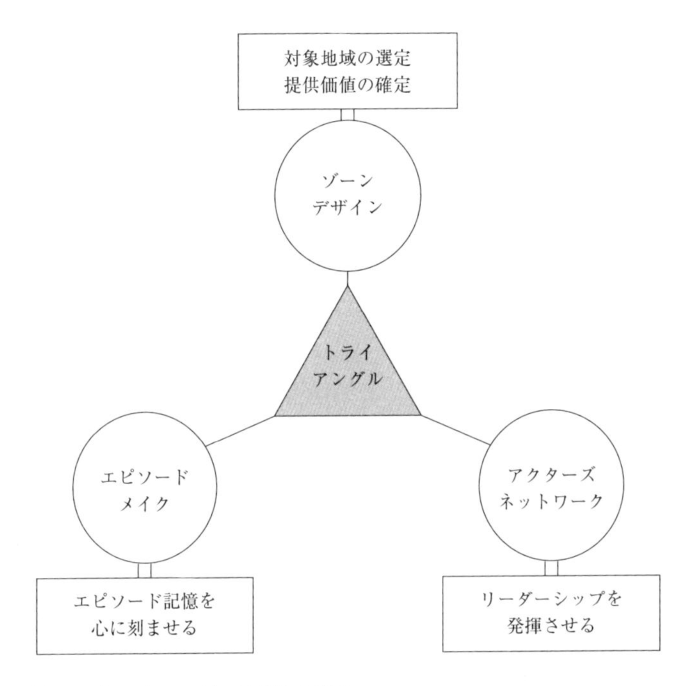

図3.1 トライアングルモデルの概念

※原田 (2013c:13), 図表2を一部改変。

第1の要素であるゾーンデザインとは,「都市計画の用語・概念である『ゾーニング（zoning）』を地域ブランド構築に応用し，ブランディングの対象となるゾーンを決定すること」である（髙橋，2016:119）。原田（2013c）は，ゾーンデザインには大きく２つの設定方法があるとしている。それらは（1）都道府県や市町村といった行政区域による決定，（2）歴史的・文化的な意味を考慮に入れたうえでの決定，である（原田，2013c:13）。地域デザイン学会は，これら２つの設定方法のうち，後者のほうがより高いブランド価値を生み出すことが期待できるという立場に立っている（原田，2013c:14）[1]。

第２の要素であるエピソードメイクとは，「顧客の心の奥深くにエピソード記憶[2]として残すことを目的とした何らかの非日常的な体験による個性的なストーリーの構築を行うこと」である（原田，2013c:12-3）。これは，彦根仏壇産地でいえば，数珠作りや金箔押し体験など，普段は行わないようなことを経験することが産地の地域ブランドの価値向上につながるというものである。

第３の要素であるアクターズネットワークとは，地域ブランドを構築するにあたり，多様なアクターのコーディネーター役を務めることができるようなリーダーと，外部経済[3]やイノベーション（innovation）[4]の源泉になるようなネットワークを指すものである（原田，2011b:18-9）。トライアングルモデルによれば，これら３つの概念が有機的に相互にシナジー（synergy）[5]効果を発揮することで地域ブランドの価値向上につながることになる。

2.1.2　ZCTデザインモデル

トライアングルモデルが誕生したあと，原田（2013c）はネクストトライアングルモデルとして「ZCTデザインモデル」を提示した。このモデルはトライアングルモデルにおけるプレイヤーの役割分担や両者のコラボレーションの促進といった課題に対応すべく誕生したものである。プレイヤーの観点からトライアングルモデルをみてみると，ゾーンデザインとエピソードメイクは，地域外に本拠を構える「ビッグビジネス」が担当すべき領域であるとされる。これは主に地域を外側からみることのできる，グローバルな視点から活動を行うアクターのことを指す。これに対し，アクターズネットワークは地域のプレイヤーが担当すべき領域であり，主に地域のリーダー層が深く関わるべきものである。原田は「ここで大事なのは，この両者をいかに効果的にコラボレーションさせるかであり，まさに両者間における共振関係と共進関係の構築が不可欠になっている」と述べている（原田, 2013c:15）。

このような問題意識から，原田（2013c）はプレイヤーの役割分担の理論的な明確化，および両者のコラボレーションの促進といったものの必要性を指摘し，ZCTデザインモデルを誕生させた。次に，同モデルの特徴について確認する。

ZCTデザインモデルの主な特徴としては，すでに述べたプレイヤーに関するもののほかに，「エピソードメイクからコンステレーション（星座）概念への置き換え」，「トポス（場）概念の追加」，「すべての要素に対する『デザイン』概念の付与」，などがある（原田, 2013c:15）。最初に「エピソードメイクからコンステレーション（星座）概念への置き換え」についてみていく。ここでは，まずZCTデザインモデルにおけるコンステレーション概念の位置づけやその内包的意味について確認する。そのうえで，同モデルの「コンステレーションデザイン（constellation design）」概念について概観する。一般的にコンステレーションとは「夜空に描かれた星座」を意味する概念である（原田・鈴木, 2017:9）[6)]。地域デザイン学会ではコンステレーションを「地域の価値（それは代々蓄積されたものであり，また集合的に記憶されたものでもあり，ある意味では普遍的であるが，すべての地域に共通のものではなく固有性がある）が，個人的な状況や意識と共に結びつけられ，忘れ得ない記憶として紡がれる」ものであるとしている（原田・鈴木, 2017:20）。これは，今回の事例に沿っていえば「仏壇産業で有名な彦根仏壇産地へ行き，仏壇店の店主と仏壇についていろいろと話をする中で，子供の頃，はじめておじいちゃんやおばあちゃんと一緒に仏壇店へ行った時のことを思い出した」というようなケースのことであるといえる。この場合，当該地域（ここでは彦根仏壇産地）が蓄積してきた地域価値（＝有名な伝統的仏壇産地）と個人的な状況(=おじいちゃんやおばあちゃんにはじめて仏壇店へ連れていってもらったこと)が結びついて物語として語られている。原田はコンステレーションはエピソードメイクによって現出されると指摘した(原田, 2013b:31)。このようなことからZCTデザインモデルでは，エピソードメイクはコンステレーションへと置き換えられている。

次に「トポス概念の追加」である。トポスとは，ギリシャ語で「場」,「場所」を意味する概念である(新村編, 1991:1863)。原田・宮本は，地域デザインのフレームワークの構成要素としてトポスを位置づけている(原田・宮本, 2016:10)。そこでは，地域を従来の行政的区分などの固定観念的にではなく,「多様な知や物語，そして歴史などを結合して，ミクロコスモス7)的な場所」としてとらえており(原田・宮本, 2016:22)，そこには多様性・多

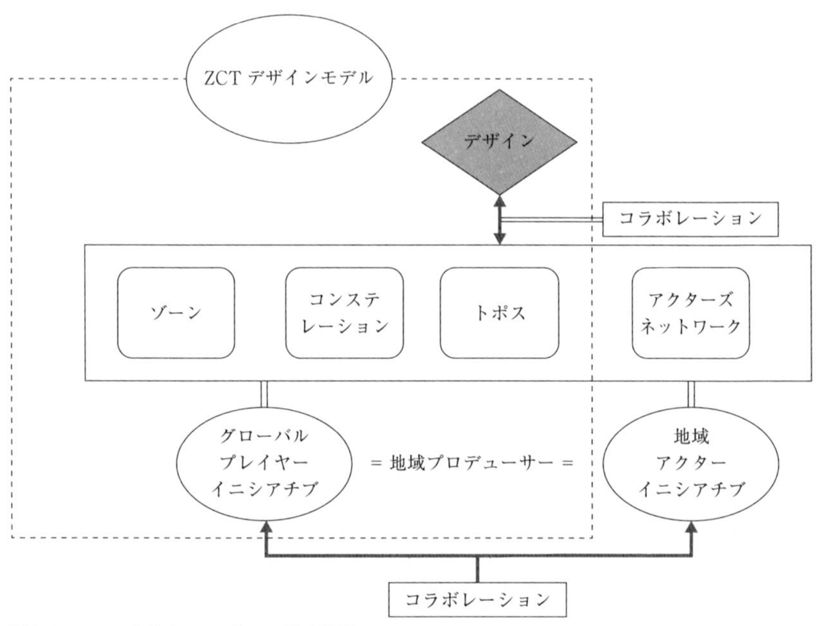

図3.2 ZCTデザインモデルの基本構造

※原田 (2013c:16), 図表3を一部改変。

層性が存在する。ここでいうトポスとは,「地域における意味ある場所」であり,「地域の独自性」を指す概念である(原田・宮本, 2016:23-4)。このようにトポスをとらえることで,当該地域をブランド化してデザインする際に,その地域に根づいている歴史や芸術・音楽といった文化などを用いることができ,地域価値の創造につなげることができるようになる[8)]。

最後に,「すべての要素に対する『デザイン』概念の付与」であるが,これはゾーンデザインに加え,ほかの要素についても「デザインという発想からのブランディングへの対応を指向する」ために行われたものである(原田, 2013c:15)。これらの事柄がZCTデザインモデルの主だった特徴としてあげられるが,このモデルでは「事業運営の全般に関わる地域プロデューサーサイドとこれに賛同するユーザーサイドとのコラボレーションや,共にプロデューサーである地域のアクターズネットワークとグローバルなプレイヤーとのコラボレーションの推進」が重要であるとされている(原田, 2013c:16)[9)]。

2.1.3 ZTCAデザインモデル

その後,ZCTデザインモデルはZTCAデザインモデルへと進化を遂げることになる。これは,ZCTデザインモデルの構成要素でもあったゾーンデザイン,コンステレーションデザイン,トポスデザイン(topos design)にアクターズネットワークデザイン(actors network design)を加えることで誕生したモデルである(原田, 2014)。

このアクターズネットワークデザインとは,もともと前述したトライアングルモデルにおいて「アクターズネットワーク」として存在していた。しかし,トライアングルモデルからZCTデザインモデルへ移行する際に,ゾーンデザイン,コンステレーションデザイン,トポスデザインは地域価値発現のためのデザインの対象であるのに対し,アクターズネットワークデザインは「デザイン行為の主体」に関わる要素である(原田・板倉, 2017:40)ため,同じ次元でとらえるべきではないとして,組み込まれることはなかった(原田, 2014:13)。

その後，地域価値がアクターズネットワークに大きく影響を受けるため，ZTCAデザインモデルでは再び組み込まれることになったのである（原田，2014:14）。これにより，ZTCAデザインモデルは以下のように示されるようになった。

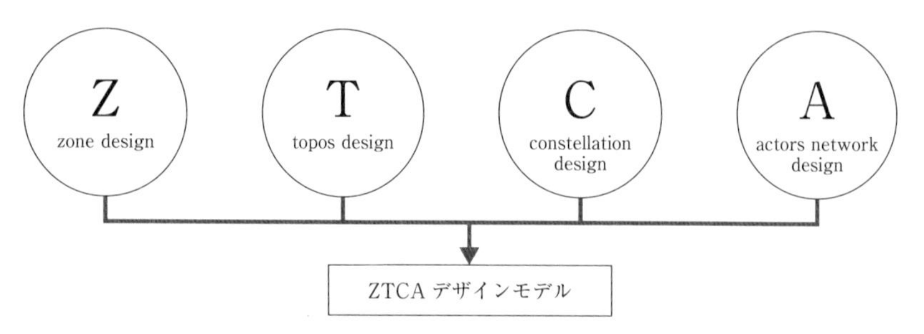

図3.3　ZTCAデザインモデルの構成要素

※原田（2014:12），図表1を一部改変。

このZTCAデザインモデルで再び用いられることになったアクターズネットワークデザインの「アクターズネットワーク」という概念は，「アクター」，と「ネットワーク」の統合概念である（原田・板倉，2017:9）。そのため，ここでは地域デザインにおける「アクター」それ自体と，ネットワークとの関係性，つまり「アクターズネットワーク」について概観する。地域デザインで用いられるアクターという概念は本来のアクター（映画や演劇における「俳優」）と区別するため「地域アクター」と表現される（原田・板倉，2017:11）。ただし，ここでは本来のアクターについての議論は行わないため，便宜上「アクター」と表記する。

このアクターの担い手としては「地方の行政機関の担当者，多様なビジネス主体や地域プロデューサーから地域のNPO（Non Profit Organization：非営利組織）などにおいて行動する活動家にいたるまで」多岐にわたる（原田・板倉，2017:12）。そして，このような地域デザインにおけるアクターには，すべての地域価値の発現のために，それぞれのデザイン要素（ゾーンデザイン，トポスデザイン，コンステレーションデザイン）を戦略的に活用する，いわゆる「地域プロデューサー」としての役割が期待されている（原田・板倉，2017:15）。

次に「アクターズネットワーク」概念について概観する。地域デザインにおいて，アクターズネットワークとは「複数のアクターによって構築される，ある種の組織全体」のことを意味する（原田・板倉，2017:20）[10]。これは，各々のアクターはそれぞれが固有のブランドおよびネットワークを保持しており，それらのアクターの多様な連携を組織としてとらえていることを意味する。そのため，各々のアクターは，ほかのアクターとは異なる価値発現装置（＝ワールド）を形成することになる。

彦根仏壇産地の場合，井上仏壇店をアクターととらえると，同店が保有する固有のブランド（「chanto」など）およびネットワーク（ほかのアクターなどとのつながり）は産地におけるほかのアクターとまったく同じになることはない。そして，それが彦根仏壇産地におけるほかのアクターとは異なる井上仏壇店の「ワールド」を形成することになる。

ここまで，ZTCAデザインモデルにおける「アクターズネットワークデザイン」について，「アクター」と「アクターズネットワーク」概念という側面から概観してきた。このZTCAデザインモデルは「未来に開かれた拡張指向のある理論」である（原田・板倉，2017:19）。そのため，同モデルを構成する各要素についてはさまざまな議論がなされている（原田，2015；原田・古賀，2016；原田・宮本，2016；原田・鈴木，2017；原田・板倉，2017）。

2.2　本章の分析枠組み――深表統合モザイクゾーン――

本節では，本章の分析枠組みである「深表統合モザイクゾーン」について原田（2015），原田・古賀（2016）の議論を中心に確認する。そのうえで，ここでの同枠組みのとらえかたについて述べる。

最初に，地域デザイン学会におけるゾーン概念について確認する。同学会では，ゾーンは「相対的な概念」であるとされる（原田・古賀，2016:21）。

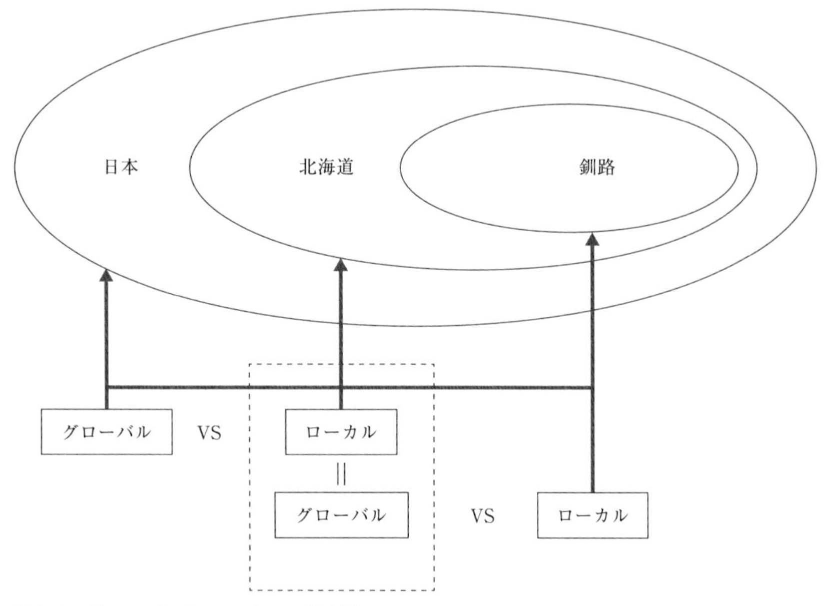

図3.4　グローバルとローカルの相対性

※原田（2014:19），図表３にもとづいて筆者が作成

これは，たとえば「北海道」というゾーンはそれよりも広域である「日本」からみるとローカル（より狭域）なゾーンであり，「釧路」からみるとグローバル（より広域）なゾーンであるということである（原田, 2014:18）[11]。

地域デザイン学会はゾーン概念について上記のような解釈的立場をとっており，原田（2015）は，ゾーンを次の３つに分類した。それらは（1）排他的で閉鎖型の「深層ローカルゾーン」，（2）地域文化破壊型の「表層グローバルゾーン」，（3）多層文化並存型の「深表統合モザイクゾーン」である（原田, 2015:9）。原田によれば，（1）は第１の道である「時間ゾーン」，（2）は第２の道である「空間ゾーン」，（3）は第３の道である「時空間ゾーン」であるとされる（原田, 2015:9）。これらを踏まえ，原田（2015）はZTCAデザインモデルのZ（ゾーンデザイン）[12]の部分を精緻化した。それは（3）の「時空間ゾーン」である。これは，地理的な空間コンテクストと歴史的な時間コンテクストを統合したモザイク的なゾーンのことである。原田(2015)によれば，これら2つのコンテクストが戦略的に統合されることにより文化コンテクストが現出する。つまり，ここでいう文化コンテクストとは，対象となるゾーンの歴史的な掘り下げによって明らかになった各々の時代のコンテンツとしての文化を現在のゾーンに浮かび上がらせるということである。この一連のプロセスがここでいうコンテクスト転換であり，文化は「コンテンツ」から「コンテクスト」へと変化する。原田は，これを「地域の文化を編集すること」としており，地域の現在価値を高めるためには必要であると指摘している(原田, 2015:11-2)。この地域文化を編集するアクターが，本章における「地域プロデューサー」[13]であり，その役割は大きなものになる。なぜなら，このアクターが対象となるゾーンのコンテンツとしての文化をどのようにコンテクストへと転換するかによって地域の現在価値は大きく変化するためである。次に，本章の分析枠組みである深表統合モザイクゾーンの概要と，ここでのとらえ方について述べる。

表3.1 本章の分析・考察手順

①コンテンツとしての文化を見出す	
地理軸／歴史軸	
②コンテクスト転換に関わる製品開発活動を確認する	
地域プロデューサー 〔井上仏壇店〕	製品開発活動 〔chanto, 柒+〕
③地域プロデューサーの役割を確認し,考察する	
コンテンツとしての文化の活用	どのコンテンツを活用したのか
地域価値の発現	コンテンツの活用によりどのような地域価値を生み出した(または生み出しつつある)のか

※当該表は，筆者が作成。

この分析枠組みを用いるには，まず対象となるゾーンに地理軸と歴史軸の2軸からコンテンツとしての文化を浮かび上がらせることが必要になる。ここでいう地理軸とは，当該文化が誕生した空間，すなわち地理的な範囲を指す。本研究で取り上げる彦根仏壇産地を例にとれば，彦根仏壇産業に関連するすべての文化は全く同じ地理的な範囲で誕生したわけではない。滋賀県彦根市を中心としながらも，各々の文化は少しずつ異なる場所で誕生している。そのため，とらえる文化の数が増えるにしたがって，空間（地理的な範囲）が広がりをもつようになる。以上の理由から，コンテンツとしての文化をとらえるには，このような地理的な軸を用いることが重要になる。次に歴史軸についてみていく。

歴史軸とは，コンテンツとしての文化を時間軸に沿ってとらえ，整理することである。本研究のコンテクストに沿っていえば，彦根仏壇という仏壇文化が誕生したとされる江戸時代中期から，新たな仏壇や仏壇の技術をいかした新製品が生み出されている現代にいたるまでのさまざまな文化を歴史軸でとらえ，整理することである。歴史軸からコンテンツとしての文化をとらえることで，対象となる文化がどのような歴史的プロセスを経て誕生したのかについて把握することが可能になる。そのため，対象となるゾーンにコンテンツとしての文化を浮かび上がらせるには，地理軸と歴史軸の２軸を用いることが必要になる。このように，原田は対象となるゾーンにおけるコンテンツとしての文化を地理軸・歴史軸からとらえることで文化軸，すなわち「地理・歴史統合指向のモザイクゾーン」が見出せると指摘している（原田，2015:10-3）。

次に重要なことは，このように把握されたコンテンツとしての文化をコンテクストとしての文化へと転換するプロセスを明らかにすることである。本章では，どのようにしてコンテンツとしての文化をコンテクストとしての文化へと転換することで，モザイク状のゾーンが生まれ，地域価値の増大につながるのかを地域プロデューサーの観点からみていく。具体的には，地域プロデューサーとしての役割を果すアクターが自身の活動において(1)過去・現在に誕生したどのコンテンツとしての文化を活用したのか，そして(2)その活用によって，どのような新たな地域価値を生みだしている（もしくは生みだしつつある）のか，といった点に焦点をあてていく。

3. 井上仏壇店の概要

本節では，本研究の調査対象である井上仏壇店の概要について確認する。具体的には井上仏壇店の組織形態や漆との関わりについてみていく。

3.1 井上仏壇店の組織形態と漆塗り

本項では，井上仏壇店の組織形態について製品開発・販売といった側面からとらえ，同店のさまざまな活動について概観する。井上仏壇店は，1901年に初代井上久次郎が仏壇の錺金具職人として彦根市沼波町で独立創業したのを契機に誕生した。その後，1918年に現在の彦根市芹中町へと移転し，1920年頃からは，仏壇の製造を行うようになる。同店が本格的に仏壇の製造や販売を行うようになったのは1948年からである。1991年からは，現在の代表である井上昌一が事業を継承し，既存の彦根仏壇に関わる活動のほか，彦根仏壇の製造技術をいかしたさまざまな製品開発活動を行うことで業績を向上させている。現在，井上仏壇店は個人事業者としての同店と，株式会社の形態をとる㈱井上といった２つの組織を内包している。そのため，ここでは前者を井上仏壇店（個人事業者），後者を㈱井上ととらえ，これらの組織全体を指す場合には井上仏壇店と表記する。次に，これら２つの組織と同店の現在行っている主要な活動との関係性について確認する。

井上仏壇店（個人事業者）は，主に彦根仏壇の製造を行っている。一方，㈱井上は，主に広報活動や製品開発・販売活動を行っている。製品開発・販売活動のなかで，主だったものとしては，同店のオリジナルブランドである「chanto」，新しい祈りの創造というコンセプトのもとに彦根仏壇事業協同組合青年部有志が立ち上げた「柒+」ブランドといったものがある。このように，井上仏壇店は分業化を行えるような組織形態を構築している。

井上仏壇店が行っているこれらの活動のうち，同店の業績回復に最も貢献したものが前述した「chanto」ブランドである。同ブランドは彦根仏壇の漆塗りの技術を応用したカフェ用品シリーズであり，製品開発がはじまって以来，数多くのメディアに注目されるようになった。その結果，製品の販売が開始された2011年８月以降，同ブランド自体の売り上げはそこまで突出したものではないものの，井上仏壇店の事業全体の業績を短期間で大幅に改善させる大きな要因となった（大橋, 2015)。ここで，「chanto」ブランドの井上仏壇店に対する貢献についてまとめると，「既存の漆器産地でもだせないような鮮やかな色漆を用いたカフェ用品が多くのメディアに注目され，その結果，同店の業績全体の回復につながった」ことであるといえる。

これらのことから，井上仏壇店の新たな製品開発活動として「chanto」がその中心的存在であること，そして，そのポジションの確立を実現させた同ブランドのコア技術は仏壇の漆塗りの技術を応用したものであることが確認された。そこで，次項では井上仏壇店と漆との関わりについてみていく。

3.2　井上仏壇店と漆

漆とは，漆科植物（Anacardiaceae）内のうるし属植物に傷をつけたときに出てくる樹液のことを指す（三田村, 2005:39)。わが国では，漆は昔から塗料や接着剤として用いられており，その芸術性や実用性において高い評価を受けてきた。漆の主成分はウルシオール（漆酸）といい，これが成分全体の８割を占めている。残りの２割はゴム質やラッカーゼといった酵素，水分といったもので構成されている。漆の特徴として，乾燥後の熱，酸，アルカリに強い塗膜を作ることが指摘されているが，ここで重要な点は漆が乾燥する，すなわち「乾く」ということは，一般的に用いられる「乾く」とは全くの別物であるということである（松田, 1964:41)。

一般的に「乾く」と表現する場合，水分が蒸発することを意味する。これに対し，漆が「乾く」とは「漆が多量の酸素を吸入して，その酸化作用によって，液体から固体に変じ，硬化するということ」である（松田, 1964:41)。

具体的には漆の成分の1つであるゴム質に含まれるラッカーゼという酵素が働くことで主成分であるウルシオールが酸素を取り入れ，化学反応を起こして硬化する。そのため，漆の乾燥にはラッカーゼが活発に働く温度20～30℃，湿度65～80%といった環境を整えることが重要になる（久野監修，萩原著，2012:32）。漆を乾かすには，このような環境が必要になるため，実際の作業は「漆風呂」といった漆の乾燥室の中で行われる。一般的には，保温や保湿に優れているなどの理由から，杉の板で作られた風呂を使用することが多い（加藤監修，2014:101）[14]。

ここで，漆の乾燥と温度・湿度との関係について具体的にみていく。まず温度であるが，すでに述べたように漆を乾燥させるためには漆の成分の1つであるラッカーゼが活発に働く必要がある。このラッカーゼは温度が5℃以下になると全く働かなくなるため，漆は乾燥しない。また，40℃を超えると，熱に対する抵抗力が弱いため，乾燥しにくくなる。しかし，120℃以上になると漆は再び乾燥しはじめる。これはラッカーゼとは関係のない作用であり，現代では高温硬化炉などの機器を用いて鎧や刀剣などにはこの方法で漆が塗られている（三田村，2005:52-5）[15]。次に湿度については，漆は湿度が低すぎると乾かず，逆に高すぎると縮んでしまうという性質がある。そのため，漆の乾燥には，湿度の管理にも気を配らなければならない。更谷によれば，江戸時代などでは塗師[16]は漆を塗るために船を漕いで沖まで出るという「沖塗り」という作業を行っていた（更谷，2003:77）。

最後に，色漆についてみていく。『広辞苑 第4版』では，色漆について「色粉を調合した漆」であるとしている（新村編，1991:189）。色漆を作るには，まず漆を精製しなければならない。具体的な工程は，以下の通りである。まず，ウルシノキから採取したままの「荒味漆」と呼ばれる漆液を濾過する。ここでは荒味漆を加熱し，布などで濾して不純物を取り除く。この不純物を取り除いたものは「生漆」と呼ばれる。次に，この生漆は「なやし」，「くろめ」といった工程を経る。なやしとは「生漆を攪拌して，生漆に含まれる成分を均一な状態にする作業」であり，くろめとは「生漆を天日やヒーターで水分を抜いてゆく作業」である（加藤監修, 2014:71）。こうしてできたものが「透漆」であり，そこに朱や黄，褐色，白といった顔料を加えることで色漆が作られる[17]。

井上仏壇店の「chanto」ブランドのコア技術である漆塗りの応用技術は，この色漆に関するものである。同店は漆塗師のN氏に依頼し，「chanto」ブランドに色漆を用いた。ほかの職人は漆の配合を目分量で決めるが，N氏ははかりや分銅を用いて配合を厳密化することで，色漆を再現できるようにした[18]。このことは，気温や湿度，乾燥時間，顔料の配合度合いによって色合いが大きく異なる漆の性質を考慮すると，模倣困難性は高いといえる。

4. 事例の分析および考察

本節では，原田（2015）の提示した深表統合モザイクゾーンを用いて，地域プロデューサーである井上仏壇店の製品開発活動からみた彦根仏壇産地のコンテクスト転換について分析し，考察する。具体的には，まず地理軸・歴史軸の２軸から，彦根仏壇産地のコンテクストとしての文化を確認する。次に，井上仏壇店の製品開発活動（「chanto」，「柒⁺」）について概観する。最後に，同店の製品開発活動と彦根仏壇産地のコンテクスト転換との関係性について考察する。

4.1 彦根仏壇産地におけるコンテンツとしての文化

ここでは，彦根仏壇産地におけるコンテンツとしての文化を地理軸・歴史軸の２軸からとらえる。具体的には，彦根仏壇産地の中心部である「七曲がり」地域の開発がはじまった江戸時代寛永期から，現在に至るまでの期間についてみていく。表3.2は，本章で取り上げる彦根仏壇産地における製品開発に関わる出来事を中心に整理したものである。なお，ここでは『城下町彦根――街道と町並――』（2002），「彦根仏壇産業の歴史と現在」（2015），『彦

表3.2　製品開発の側面からみた彦根仏壇産地の歴史的変遷

年代 (西暦)	主な出来事
寛永18年 (1641年)	「七曲がり」地域の開発がはじまる[19]
江戸中～後期	塗師,武具師,その他の細工人が仏壇屋へ転身[20]
明治39年 (1906年)	彦根仏壇同業組合が設立
昭和10年頃	彦根仏壇の最盛期[21]
昭和13～16年頃 (1938～41年頃)	仏壇業者が高度な専門技術をいかした下駄の製造を開始
昭和15～16年頃 (1940～41年頃)	中産階級を中心に仏壇の需要が高まる
昭和25年 (1950年)	彦根仏壇存続の危機 (機械化による大量生産を行う地域に押されるようになる)
昭和49年 (1974年)	彦根仏壇事業協同組合が設立 (母体は彦根仏壇同業組合)
昭和50年 (1975年)	伝統的工芸品の指定を受ける
平成～現在	若い世代による新たな仏壇や異分野の製品開発が行われるようになる

※当該表は,『城下町彦根――街道と町並――』(2002:131-2),『彦根市史 中冊』(1962:111),『新修 彦根市史 第3巻 通史編 近代』(2009:381-2, 513, 686),『新修 彦根市史 第4巻 通史編 現代』(2015:89-90, 544-6, 557) をもとに筆者が作成。

根市史 中冊』(1962),『新修 彦根市史 第3巻 通史編 近代』(2009),『新修 彦根市史 第4巻 通史編 現代』(2015) をもとに記述した。

最初に,彦根仏壇産地の中心部である「七曲がり」地域について確認する。彦根仏壇発祥の地とされる七曲がり地域は,江戸時代初期の大坂の陣後に家臣団が増加したことから城下町が拡大されるにともない,開発された地域である(彦根史談会編, 2002:131-2)。彦根仏壇のはじまりについて『彦根市史 中冊』では,「彦根仏壇の起源は明らかでないが,江戸時代の中期頃に始まると見てよく,その前身は或いは塗師,或いは武具師その他の細工人であったものが,転身して仏壇屋となったものが多かったらしく,またその中心地は現在も行われている七曲がりの地,すなわち新町から元岡町にかけたあたりであったことは確かであろう」とされている(中村監修, 1962:111)[22]。

明治時代に入ると，仏壇の需要が増加し，仏壇の品質の重要性がさけばれるようになる。そして，品質管理への対応策として，明治39年(1906年)に「彦根仏壇同業組合」が設立された。これにより，工場等で厳しい検査が行われるようになり，合格品には証紙等の押印がなされ，それ以外のものに関しては売買授受が禁止された(彦根市史編集委員会編集, 2009:381-2)[23]。その後，彦根仏壇は同業組合の品質管理により，信用を高め，中程度の価格帯の仏壇を求める中産階級の需要に応えるようになる(彦根市史編集委員会編集, 2009:512)。そして昭和10年頃に彦根仏壇は最盛期を迎える(上野ほか6人, 2015:89)。昭和15～16年(1940～41年)頃には，彦根仏壇の販売価格は協定価格のため，150円～2,800円に定められていたが，600円前後のものが最もよく売れていたとされる(彦根市史編集委員会編集, 2009:686)。また，同時期である昭和13年(1938年)頃には，当時の金属統制により，苦境に陥っていた仏壇業者をはじめとした職人たち[24]が，仏壇業の振興策の1つとして，仏壇の製造技術をいかした下駄作りをはじめるようになった。この下駄は「国策下駄」と名づけられ，高品質で安価な婦人用塗下駄であり，工場の大量生産に成功したものである。これにより，彦根の下駄の製造規模は年間で20万足になり，滋賀県内をはじめ，京阪神・中京・九州方面にまで販売されるようになった(彦根市史編集委員会編集, 2009:686)。

その後，昭和25年(1950年)には，手作業による分業で成り立っていた彦根仏壇は，機械化による大量生産を行っていた三重・愛知・富山との製品競争で劣勢になり，「あと数年で姿を消すのではないか」といわれる状況にまで追い込まれるようになる(上野ほか6人, 2015:89-90)。

産地にとっての大きな転機は昭和50年(1975年)に訪れる。この年に，彦根仏壇は通商産業省から伝統的工芸品の指定を受けた。これは，「伝統的工芸品産業の振興に関する法律(昭和49年5月25日公布)」にもとづいて指定されるものであり，彦根仏壇は仏壇産地としてははじめて，鹿児島県の川辺仏壇とともに指定を受けた(上野ほか6人, 2015:544-5)。この指定により，彦根仏壇業界は，後継者の育成や技術・技法の伝承，広告など，さまざまな産地振興事業への公的支援を受けることが可能になった。伝統的工芸品の指定に先立ち，彦根仏壇産地では昭和49年（1974年）に彦根仏壇同業組合を母体とした「彦根仏壇事業協同組合」が設立された。しかしながら，オイルショック後の構造不況，核家族化，住宅事情の変化などの要因により，彦根仏壇産地は厳しい時代を迎えることになる。このような流れから，産地では小型仏壇の開発や生産体制の見直し，販売チャンネルの開拓といった活動が行われるようになる（上野ほか６人, 2015:546）。

平成の時代に入るとそのような動きが活発になされるようになる。平成７年（1995年）には，彦根仏壇の若手後継者らがベトナムを訪問し，現地で木彫や木工，漆製品の工場などを見学した。仏壇業界では大手を中心に，生産の海外移転や部品の輸入が進んでいたため，現状の把握や対応策を検討することがこの活動の目的であった（上野ほか６人, 2015:557）[25)]。そのほかにも，産地では，大型仏壇ではない新型仏壇（このような伝統様式でない新しいデザインの仏壇を業界では「創作仏壇」と総称する。そのため，以下「創作仏壇」）の開発にも取り組むようになる。平成15年（2003年）には，「職人だけで現代にマッチした仏壇を」とのコンセプトでジャガーグリーンの仏壇を開発した。この仏壇は，洋家具のような足がついているため，椅子に座っての礼拝が可能になっている。また，外装の漆塗りにはこれまでの仏壇では使われていなかった深緑色（ジャガーグリーン）が用いられており，和と洋の融合したデザインが特徴であるとされた（面矢, 2015:9）。それ以外にも，平成17年（2005年）には，電動昇降装置を組み込んだ仏壇，平成17～18年度（2005～2006年度）には仏壇の収納が可能なユニット家具形式の漆塗り扉の壁面収納家具「ぶつま」の開発などを行っている（面矢, 2015:10）。

そして，近年では「新しい祈りのかたち」のコンセプトのもと，彦根仏壇事業協同組合青年部有志で結成した「柒+」プロジェクトや，本研究の調査対象である井上仏壇店のオリジナルブランドである「chanto」プロジェクトなどの活動が現在に至るまで行われている。

ここまで，彦根仏壇産地におけるコンテンツとしての文化を主に製品開発の観点からみてきた。図3.5は，彦根仏壇産地におけるコンテンツとしての文化を現代のゾーンに浮かび上がらせたもの，すなわち「地理・歴史統合指向のモザイクゾーン」である。

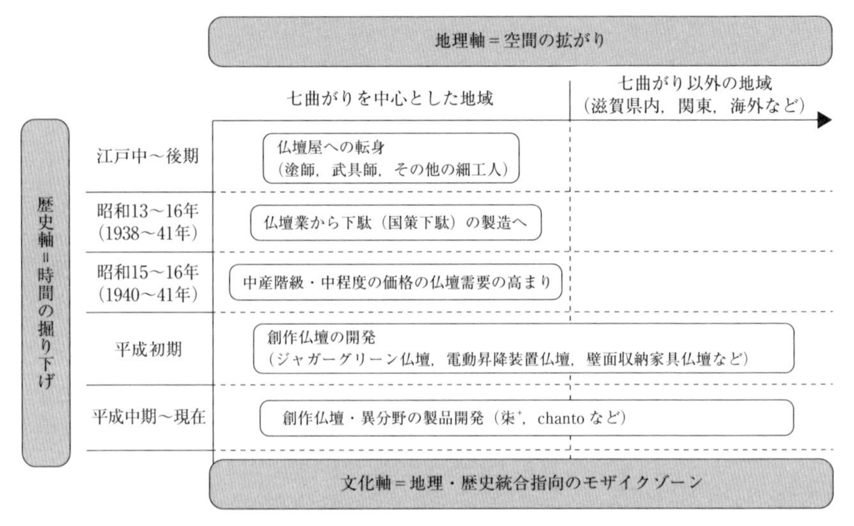

図3.5　彦根仏壇産地における地理・歴史統合指向のモザイクゾーン

※原田（2015:12），図表３にもとづいて筆者が作成。

この図から，製品開発の側面における彦根仏壇産地の文化軸をとらえると，いくつかの特徴がみられる。その特徴とは本業（仏壇産業に関するもの）に関わる製品開発を行っていることと，本業の技術をいかした異分野の製品開発を行っていることである。そして，本研究の調査対象である井上仏壇店はその両方の活動（「chanto」プロジェクト，「柒⁺」プロジェクト）を行っており，自身の経営業績を回復させている企業である。そこで，次項では井上仏壇店を地域プロデューサーととらえ，同店の製品開発活動について具体的にみていく。

4.2　井上仏壇店のコンテクスト転換に関わる製品開発活動

ここでは，井上仏壇店のコンテクスト転換に関わる製品開発活動について概観する。具体的には同店の製品開発活動のうち，「chanto」プロジェクト，「柒⁺」プロジェクトについてみていく。

4.2.1　「chanto」プロジェクト

最初に，井上仏壇店のオリジナルブランドである「chanto」プロジェクトに関する活動についてみていく。

表3.3　「chanto」の販売までのあゆみ

年	活動内容（イベントなど）
2008年 （夏期）	彦根商工会議所でコンサルタント業を営むK氏と知り合う
2009年５月	K氏のサポートを受け，ニューヨーク国際現代家具見本市のジャパンパビリオンに出展 ここでの評価を受け，一般受けする製品コンセプトへと変更 また，この見本市でデザイナーのS氏と知り合う
10月	滋賀県「新製品応援ファンド」に採択（期間は２年間）
2010年１月	デザイナーにS氏を起用することを決定 滋賀県工業技術総合センターのサポートを受ける 試作品の開発開始
10～11月	「TOKYO DESIGNERS WEEK 2010」（10月29日～11月３日，明治神宮外苑）に出展 このとき，出品した製品がイタリア人プロデューサーの目に留まり，自身の企画する展示会への参加オファーを受ける
2011年４月	「MEET MY PROJECT」（４月12～17日，ミラノ〔イタリア〕）に出展
６月	「インテリアライフスタイル東京」（６月１～３日，東京ビッグサイト）に出展 ここで試作品を商品化し，販売を開始（主にバイヤー向け）
８月	正式販売開始 ８種35品目 （抹茶茶わん，エスプレッソカップなど）

※当該表は，井上仏壇店への聞き取りおよび同店から提供された資料をもとに筆者が作成。

2008年の夏ごろに井上は，彦根商工会議所でセミナー講師として来ていたコンサルタントのK氏と仏壇の製造技術の応用について話し合う機会があった。その時，K氏は井上に「仏壇の製造技術を転用したら仏壇以外のものが何かできるのではないか」と提案した。というのも，K氏は以前から彦根商工会議所にセミナー講師として来ており，彦根仏壇職人の作業現場も見学するなど，仏壇業界に興味を抱いていたからである。そのため，K氏は井上にニューヨーク国際現代家具見本市のジャパンパビリオンへの出展オファーを出した。このときは2009年の２月であり，見本市は５月に迫っていたが，井上はこの申し出を受けることになる。井上は３ヵ月間で製品を開発しなければならなかったが，地元の滋賀県立大学の学生もデザインの考案に加わり，彦根仏壇の七職から蒔絵師や漆塗師，木地師，錺金具師，金箔押師の技術を用いた花器や照明具，書類ケースなど，装飾工芸品17点を製作し，出品へとこぎつけた[26]。井上仏壇店のブースには４日間で200社以上が訪れ，これらの製品は見本市で高い評価を受けた[27]。井上はこの反応に一定の手ごたえを感じつつも「製品がアジアチックであり，一般受けするようなものではない」という指摘を受け，ものづくりの難しさを知ることになる。井上はこの見本市で，ターゲット層，製品コンセプト，デザイナーの活用など，ものづくりの重要な要素を学び，後に誕生する「chanto」ブランドの方向性を見出すことになる。また，井上はこの見本市で後に「chanto」プロジェクトに参加することになるデザイナーのS氏と出会っている。

井上は仏壇の製造技術をいかした新しい製品開発への手ごたえを感じつつも，一企業でその活動を行うのは困難であると考え，滋賀県の「新製品応援ファンド」に応募し，ものづくりの補助金を活用しようとした。その結果，2009年の10月に採択されたのち，井上は数ヵ月かけ，翌年の１月にS氏をデザイナーとして選定した。また，この時期に滋賀県工業技術総合センターから無償のサポートを受け，井上はプロジェクトチームを結成し，本格的な製品開発に取り組むことになる。

プロジェクトを進めるにあたり大きな課題となったのが「仏壇の製造技術

のなかで何を活用するのか」ということであった。前述したように仏壇の製造技術は非常に複雑であり，プロジェクトチームは「どの技術を使い，何の製品を開発すればよいのか」ということを掴みきれていなかった。その時期に，S氏は井上に「カラフルな漆はないのか」と提案したため，井上は漆を独自に研究している職人（N氏）の工房へ連れて行った。そこで，N氏からカラフルな色パレットを見せられたS氏は「こんなにカラフルで鮮やかな色の漆を出しているものはない」と感じ，新製品は漆をメインで使ったものにすることが決定した。そして，この漆塗りの技術を応用するものとして最終的に多くの人が利用できるカフェ用品に対象を絞り，製品開発に取り組んだ。

井上は，こうしてできた試作品を「chanto（シャント）」と名づけ，2010年10～11月に明治神宮外苑で開催されたデザインイベント「TOKYO DESIGNERS WEEK 2010」に出展した。「chanto」の名称は「背筋を伸ばし，集中する」という意味の「しゃんと」から名づけられている[28)]。このイベントで井上仏壇店は，コーヒーセットや抹茶茶わん，マルチトレー，タッパウェア，イスなど10種47点を出品した[29)]。ここで，井上はこのイベントに参加していたイタリア人プロデューサーからイタリアのミラノで開催される展示会「MEET MY PROJECT」への出展オファーを受けることになる。この展示会は製造業者とデザイナー，各国メディアなどを結びつける合同展示会として開催されるものであり，オファーを依頼したプロデューサーは「TOKYO DESIGNERS WEEK 2010」に出展した井上仏壇店の「chanto」のデザイン性や色遣いを評価していたため，オファーを提示したのである[30)]。

その後も展示会へ出展するなどし，2011年８月に正式販売を開始することになった。

4.2.2 「柒⁺」プロジェクト

次に，彦根仏壇事業協同組合有志による創作仏壇の開発・販売活動である「柒⁺」プロジェクトについて概観する[31)]。

「柒⁺」が発足した最初のきっかけは，滋賀県中小企業団体中央会の「も

表3.4 「柒⁺」販売までのあゆみ

年	活動内容（イベントなど）
2010年７月	滋賀県中小企業団体中央会「ものづくり感性価値向上支援プロジェクト」に井上（当時，彦根仏壇事業協同組合青年部部長）を含む彦根仏壇事業協同組合青年部有志が参加 同プロジェクトでは，新しい祈りや仏壇のあり方について，さまざまな分野の専門家から話を聞いたり，統一イメージを創造するための勉強会を開催した
2011年２月	上記プロジェクトに参加したメンバーで，「新しい祈りのかたち」というコンセプトに共感した５名により，「柒⁺」が結成
９月	「柒⁺」として「LIVING & DESIGN展」（９月14～17日，インテックス大阪）に初出展 この見本市で参加者に対して仏壇のイメージなどに関するアンケート調査を実施
2012年２月	滋賀県の「伝統産業弟子入り体験推進事業」で学生のインターンシップを受入れ 指導員としてプロダクトデザインが専門の大学教員，彦根仏壇の工部七職の職人，㈱黒壁のガラス細工職人らが担当
３月	上記事業により，学生から提案されたデザイン案20点のうち，４点を試作品として発表
10月	最終試作品として12点を発表 これら最終試作品のうち，井上仏壇店からは「HAND BOOK」，「SQUARE」，「HOUSE」を発表 上記の作品を「IFFT」（interior life style living展，10月17～19日，東京ビッグサイト）に出展
2013年３月	東京上野（2k540，３月２～５日），青山（COOK & Co，３月７～８日）でエンドユーザーに向けての展示販売会を開催

※当該表は，「柒⁺」HP[32]，井上仏壇店への聞き取りおよび同店から提供された資料をもとに筆者が作成[33]。

のづくり感性価値向上支援プロジェクト」である。このプロジェクトは，滋賀県の伝統産業を対象に，現代のライフスタイルに適合したものづくりをさまざまな分野の専門家とともに行っていくものである。このプロジェクトに彦根仏壇事業協同組合青年部有志が参加することになり，当時青年部の部長を務めていた井上も加わることになった。プロジェクト開始後しばらくは，さまざまな形での勉強会が行われた。勉強会は，主に住宅関係や金融関係，大学教員，デザイナーなどさまざまな分野の専門家から話を聞く講演スタイルに近いものと，新しい仏壇について統一したイメージを創造していくワークスタイルにより構成されていた。

そして，2011年２月に井上を含む彦根仏壇事業協同組合青年部有志５名が「新しい祈りのかたち」を創造するグループとして「柒⁺」を結成した。グループ名の「柒⁺」は，普通では用いられることの少ない「柒（ナナ）」という字を彦根仏壇の「七」職に掛け，さまざまな形で「＋（プラス）」にしていこうという思いを込めて名づけられている。

こうした経緯を経て結成された「柒⁺」が最初に参加した展示会が2011年9月14～17日にインテックス大阪で開催された「LIVING & DESIGN展」である。この見本市で「柒⁺」のメンバーは，これまで自分たちが行ってきた活動が市場に受け入れられるのかを確かめるために，アンケート調査を実施した。アンケート調査は主に「仏壇を必要だと思うか，購入したいと思うか」，「仏壇を購入するならば価格はどれくらいのものがよいのか」，「祈りについてどういう思いを抱いているのか」，ということを問うものであった。アンケートを実施する前，メンバーは「仏壇に対して必要性を感じている人は少ないのではないか」と予想していた。しかし，実際に調査を実施すると，全体の70～80%程度が「仏壇は必要である」と回答し，仏壇の価格で最も多くの回答が寄せられたのは「20～30万円程度」というものであった。また，実際にインテリアの感じがする現代風の仏壇を参加者にみてもらい，そのコンセプトを伝えたところ，多くの人から共感を得ることができた。

そのため，「柒⁺」のメンバーは，若い世代には祈りの対象としての仏壇を必要と感じている人が多く，価格に関してはある程度高くても，現代の住空間に適合したものを求めていることに気づいたのである。

次の大きな転換期は，2012年の２月に訪れた。そのきっかけが，滋賀県が実施している「伝統産業弟子入り体験推進事業」に「柒⁺」のメンバーが彦根仏壇事業協同組合を通じて申請し，採択されたことである[34]。この事業に申請した目的は，滋賀県内のデザイン系学生への伝統工芸体験の場の提供や，若者のデザインを「柒+」へ取り入れることにあった。これにより，「柒+」のメンバーは，それまでのプロジェクトメンバーを中心とした製品開発から，若い世代の感性やアイデアを積極的に取り入れるようになった。この事業の研修に参加したのは，滋賀県立大学（生活デザイン学科）の学生３名と，成安造形大学（芸術学科）の学生４名の合計７名であった。指導員には，プロダクトデザインが専門の大学教員，彦根仏壇の工部七職のうち，彫刻師，木地師，宮殿師ら，そして㈱黒壁のガラス職人といったメンバーが担当した[35]。研修は，2012年２月13日にはじまり，学生たちから提案されたデザイン案20点のなかから，製作期間，コスト，話題性，実現可能性などの観点から４点が選ばれ，工部七職の職人のうち，木地師，宮殿師，彫刻師，蒔絵師，そして㈱黒壁のガラス細工職人らによって，試作品が造られ[36]，2012年３月22日に彦根市内で発表された[37]。

そして，「柒+」のメンバーは，これらの試作品４点や，その他のデザイン案16点について，商品化に向けた改良を進め[38]，2012年10月９日に彦根市役所で報道陣に最終試作品を公開した。完成した試作品はメンバーがそれぞれ２～３点を製作し，合計で12点になった[39]。そのうち，井上仏壇店からは，「伝統産業弟子入り体験推進事業」で大学生が考案した「かどまる（最終試作品発表時には名前を『HAND BOOK』に変更。そのため，以下『HAND BOOK』）」，小型仏壇の「SQUARE」，網かご風の「HOUSE」といった作品が公開された[40]。そして，メンバーはこれらの作品を2012年10月17～19日に東京ビッグサイトで開催される国際見本市「IFFT（interior life style living展）」に出展した。

このような経緯を経て，2013年の３月にメンバーは東京の上野と青山でエンドユーザー向けの展示販売会「暮らしに滋賀」を開催した。これらの展示会は上野と青山にある貸しオフィスをメンバーで借りて行われた。この展示会を東京で開催したのには次のような理由があった。それらは，「東京市場へ向けた活動の意義」,「地方から東京（都市）へ出てきた年配者に対するリサーチ」というものであった。前者は，従来の仏壇を販売する活動であれば東京に限らなくても良いが，「柒⁺」のコンセプトをもとに造られた製品の場合は，東京のほうがよりダイレクトな評価を得ることができるという考えにもとづくものである。後者は，「柒⁺」のターゲット層の拡大に関するものである。当初，「柒⁺」のメンバーはターゲット層として若い世代を中心に据えていたが，活動を行うにつれ，従来の伝統的な仏壇を購入するような年配者にも需要があることに気づきはじめた。年配者も，自分自身の今後のことについて悩んでいたり，地方から出てきた人のなかには，田舎（実家）にある仏壇の扱いについてどうすればよいのか考えている人も多い。そのため，東京での展示会の開催はそのような年配者にも受け入れられるのかというリサーチを行うことができるというメリットもあった。その後，メンバーは展示販売会を中心とした「直販」というスタイルをメインに活動を行っている。

4.3　地域プロデューサーとしての井上仏壇店

ここまで，彦根仏壇産地におけるコンテンツとしての文化を地理軸・歴史軸の２軸からとらえ，その内容を確認した。そして，それらの文化を現代のゾーンに浮かび上がらせ，地理・歴史統合指向のモザイクゾーンを提示した。そのうえで，本研究の調査対象である井上仏壇店の製品開発活動（「chanto」プロジェクト，「柒⁺」プロジェクト）を概観した。本項では，地域プロデューサーとしての同店の製品開発活動の観点から彦根仏壇産地におけるコンテンツからコンテクストとしての文化，すなわちコンテクスト転換のプロセスを確認し，その内容について考察する。図3.6は，地域プロデューサーとしての井上仏壇店の製品開発活動の観点からみた彦根仏壇産地のコンテクスト転換を示したものである。

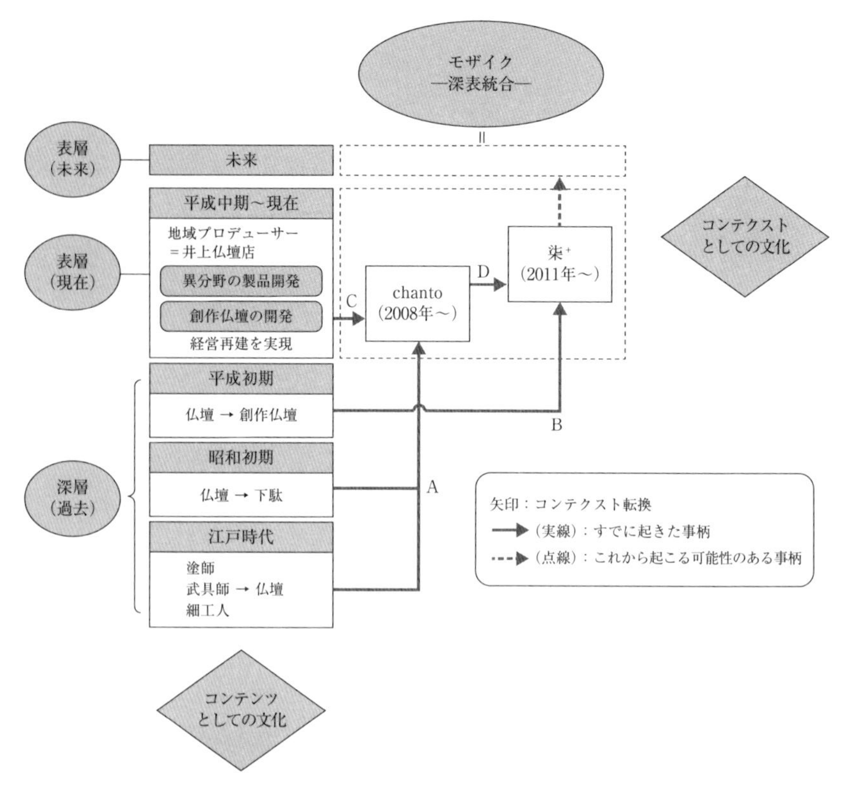

図3.6　井上仏壇店の製品開発活動からとらえた彦根仏壇産地のコンテクスト転換

※原田（2015:15），図表4にもとづいて筆者が作成。

4.3.1　コンテンツとしての文化の活用（矢印A・B）

地域プロデューサーとしての井上仏壇店の製品開発活動をみてみると，大きく「異分野の製品開発活動」である「chanto」プロジェクト，そして，創作仏壇の開発活動である「柒⁺」プロジェクトを行っている。前者は主に深層（過去）のうち，江戸時代（塗師，武具師，細工人の仏壇屋への転身），昭和初期（仏壇業から下駄製造）といったコンテンツとしての文化を活用している。後者は，主に深層のうち，平成初期の伝統的な仏壇から新しいスタイルの仏壇である創作仏壇に関するコンテンツとしての文化を活用している。

4.3.2 地域価値の発現（矢印C・D）

ここでは，井上仏壇店の製品開発活動を時系列的にみていくことで，同店の製品開発活動がどのようにして地域価値を生み出した（また生み出しつつあるのか）についてみていく。すでに述べたように井上仏壇店の主要な製品開発活動である「chanto」プロジェクトは2008年からスタートしている。このプロジェクトは，「仏壇の漆塗りの技術を応用したカフェ用品」というブランド・コンセプトにより，多くのメディアから注目された。具体的には地元紙である『近江同盟新聞』，『滋賀彦根新聞』といったものだけでなく，『京都新聞』，『中日新聞』など20紙以上もの新聞に掲載されている。また，『pen』[41]，『an・an』[42]といった雑誌や，高島屋（2013年）や伊勢丹（2014年）などのカタログにも掲載されている。このように，井上仏壇店の「chanto」ブランドは，多くのメディアに取り上げられることで，同店の事業全体の業績回復に大きく貢献した。この出来事により，彦根仏壇産地に「一中小企業の『小さな成功』」という認識が広まった可能性があると思われる。それは，一中小企業のプロジェクトが単に多くのメディアに取り上げられただけでなく，目に見える形での経営再建という成果をもたらしたからである[43]。このプロジェクトは彦根仏壇産地に「新製品の開発」という観点からの新たな可能性をもたらし，後の「柒⁺」プロジェクトの誕生・継続につながる１つのきっかけになったのではないだろうか。このように，「柒⁺」という彦根仏壇産地で活動するメンバーによる創作仏壇の製作チームが結成され，現在に至るまで活発な活動を行い，多くのメディアからも注目されている[44]のには，井上仏壇店による「chanto」プロジェクトが果した役割が大きいものであったことがその要因の１つであると考えられる。また，同プロジェクトは，彦根仏壇産地で活動するほかのアクターにも「個別で行う製品開発活動のビジネス面での可能性」を提示した可能性がある。実際に，産地のアクターのなかには仏壇の高度な製造技術をいかした製品開発を行っているものもあるため，そのことが同プロジェクトが果たした地域価値へのもう

１つの貢献であると考えられる。

5. 結論と今後の課題

本章では，地域の現在価値を高める役割を果たす地域プロデューサーの活動について製品開発の観点から分析し，考察した。原田(2015)によれば，地域の現在価値を高めることは，対象となるゾーンに，歴史的な掘り下げによって明らかになった各々の時代のコンテンツとしての文化を浮かび上がらせることを意味する。その際に重要になるのは「どのようなコンテンツとしての文化を選択し，地域価値の発現につなげるのか」ということであり，その役割を果たす地域プロデューサーの役割は大きなものになる。

ここでは，仏壇産業で有名な滋賀県彦根市を中心とした彦根仏壇産地に活動拠点を置く井上仏壇店を地域プロデューサーととらえ，同店の製品開発活動についての分析および考察を行った。具体的には，まず彦根仏壇産地における地理軸・歴史軸の２軸からコンテンツとしての文化を見出すことを試みた。地理軸では，彦根仏壇産地はそのはじまりである江戸中～後期から昭和期までは，主に「七曲がりを中心とした地域」を活動拠点にしていたのに対し，平成から現在に至るまでの期間では，七曲がり以外の地域での活動が増加していることが明らかになった。また，彦根仏壇産地について製品開発の側面から歴史軸をとらえると，江戸中～後期では，他の分野からの仏壇業への転身，昭和期には仏壇業から下駄(国策下駄)の製造，平成期には創作仏壇や異分野での製品開発活動を行うなど，さまざまな製品開発活動を行っていることが明らかになった。

次に，本研究の調査対象である井上仏壇店の製品開発活動(「chanto」，「柒⁺」)を概観し，地域プロデューサーとしての役割について考察した。同店の製品開発活動のうち，「chanto」プロジェクトでは，仏壇の漆塗りの技術を応用したカフェ用品を開発しており，異分野での製品開発である。これは，彦根仏壇産地における江戸時代（塗師，武具師，細工人から仏壇屋），昭和初期（仏壇から下駄）といった文化を活用している。そして，「柒⁺」プロジェクトでは，新しい祈りのかたちというコンセプトにもとづいた創作仏壇を開発しており，主に産地における平成初期（仏壇から創作仏壇）の文化を活用している。そして，本章では井上仏壇店のこれらの製品開発活動から，同店が果たした地域価値の発現の可能性として以下の点を提示した。それらは，(1) 井上仏壇店の「chanto」プロジェクトの成功が彦根仏壇産地に対して「一中小企業の『小さな成功』」という認識を広めたこと。そして，そのことが (2)「柒⁺」プロジェクトの誕生・継続につながっている可能性があるということ。さらに，産地で活動するアクターのなかにも仏壇の高度な製造技術をいかした製品開発を行うものが誕生してきていることから，井上仏壇店の「chanto」プロジェクトが (3) 産地内のほかのアクターに「個別で行う製品開発活動のポテンシャル」を提示した可能性があるということである。

このように，井上仏壇店は「chanto」や「chanto」から「柒⁺」といった一連の製品開発活動を行うことで，彦根仏壇産地における地域価値の発現につながる役割を果たしたと考えられる。そのため，本章ではこれらの議論を通じて，彦根仏壇産地は仏壇産業を基盤としながらも，その製造技術を応用したさまざまな効果的な製品開発が行われているという地域価値の高いコンテクストとしての文化を生み出す可能性を提示したと考えられるのではないだろうか。

本章では，地域プロデューサーとしての井上仏壇店の製品開発活動と彦根仏壇産地における地域価値の発現との関係性についてみてきたが，産地には，ほかにも高度な技術を保有しているアクターが数多く存在している。そのため，今後はそれらのアクターの活動も含めたより包括的な視点からの分析および考察を行うことが重要になると思われる。

注

1）この点について，原田は具体的な事例として「滋賀」と「近江」，「伊賀と甲賀」と「伊賀・甲賀」といったものをあげている（原田，2011c:30-5;2011d:238-43）。

2）エピソード記憶の例として，原田（2011b）は徳島県の阿波踊りをあげている。それによると「『阿波踊りの原型は精霊踊りや念仏踊り』や『徳島市の阿波踊りの人出は130万人』というのは，阿波踊りの意味記憶であるが，だからと言って，顧客が徳島市をめざすとは必ずしも言えない。むしろ，『去年，徳島市で飛び入りで参加したときのほとばしる汗の感覚』や『先月，地元の高円寺で阿波踊りの先生に踊りの基礎を教わった』というエピソード記憶の方がずっと心に残り，また徳島に行ってみたいと思うのではないだろうか。その意味で，エピソード記憶は，地域ブランドについては不可欠のものである（サービスなど，経験しないと品質判断の難しいいわゆる経験財も，実はエピソード記憶が重要である）」としている（原田，2011b:16-7）。

3）原田は外部経済を「多くのアクターが参加することによって，自分ひとりではなし得ない多くのメリットを享受できること」としている（原田，2011b:19）。また，内部経済については「自助努力によるメリット」であるとしている（原田，2011b:19）。

4）原田はイノベーションについて「近年流行のeマーケティングの用語で言うなら，多様なアクターの多彩な知を集合知として昇華していくこと」であるとしている（原田，2011b:19）。

5）シナジーとは「諸要素の結合が単なるそれらの総和以上のある結合利益を生み出す相乗効果のこと」である（稲村，2006:124）。

6）ここでいう「星座」とは，「各々の星の１つの集合体」のことであるが，原田は，この概念を意図的に「星座」という漢字表記ではなく「コンステレーション」というカタカナ表記で提示している（原田，2013b:27）。それは，「現在では世界共通の一つのコンテンツになってしまった星座という概念に対して，コンステレーションという概念は固有の意味を表出するコンテクストである」という理由による（原田，2013b:28）。

7）ミクロコスモス（Mikrokosmos）とは「小宇宙」を意味する用語である（新村編，1991:2446）。

8）ここで，「トポスデザイン」概念について確認しておく。原田・宮本は「トポスを捉えたデザインを行うことは，地域における場所の特徴に着目しながら，例えば歴史や伝説などの時間的な要因や食やアート，精神性などの概念から，それぞれの地域の独自性を物語として描いていく想像的な行為になる」と述べている（原田・宮本, 2016:24-5）。

9）この点について原田は，「なお，現時点において，筆者は，ゾーンデザイン，コンステレーションデザイン，トポスデザインについては主に地域の資源を客観化できる（よりグローバルな顧客ニーズを掌握すること）ある種のグローバルビジネスプレイヤーが，またこれを稼動するプロデューサーには主に何らかの地域ビジネスアクターがそれぞれ分担してイニシアチブをとりながらも，同時にそれらが効果的に共同するという体制を構築することが，まさに理念的には望ましい，と思われる」と述べている（原田, 2013c:16）。

10）なお，一般的なネットワークの意味について，原田・板倉は「人や物事などの何らかのつながりを表しており，また1つの系として存在している。また，この系は一般的にはシステムという概念として表されている」と述べている（原田・板倉, 2017:14）。

11）この点について，原田・古賀は「これは，あるゾーンをより広域化することをグローバル化といい，他方であるゾーンを狭域化することをローカル化であると捉える考え方に基づいている」と述べている（原田・古賀, 2016:21）。

12）ゾーンデザインとは「既存の全域や区域から新たなゾーンを現出するための，それも既存の全域や区域よりも地域価値が増大する状態を現出するためのデザイン手法」のことである（原田・古賀, 2016:23）。

13）原田はこのようなアクターのことを「時代を繋ぐ文化編集プロデューサー」と定義している（原田, 2015:14）が，ここでは「地域プロデューサー」としている。ただし，これら概念の内包的意味は同じである。

14）漆風呂には，ほかにもさまざまな名称があり，風呂，室，湿し風呂といったものがある（加藤監修, 2014:101；十時, 工藤, 西川, 2015:201）。

15）漆の「乾く」という用語について三田村は「『乾く』という言葉の元の意味は，潤いのなくなった状態であり，『渇く』と同じである。よって『乾く』とは熱や乾燥のために，水分や湿度がなくなることを表す。また，感情や，やさしさを欠いた時にも使われる。乾くという言葉は，このように水を中心にして，水が気化した（気体になりぬけてしまう）状態，つまり気化と固化の両態を表す言葉なのである。塗料が乾くということは，物質の三態（気体，液体，固体）変化のうち，液体が固体に変わること，つまり固化をいうのであり，ただ単に塗料の中の水分や，希釈成分が気化してぬけてしまったことをいうのではないのである」として，漆は乾かないと述べており，「乾く」ことと「固化」とを区分している（三田村, 2005:50-1）。ただし，ここでは便宜上，「乾く」,「乾燥」という用語を用いている。

16）塗師とは昔の漆塗り職人の呼称である（室瀬, 2002:167）。

17）ここでの記述は山岸（1996:120）を参考にした。

18）ここでの記述は『中日新聞』（2011年4月5日付）を参考にした。

19）彦根史談会編（2002:131-2）。

20）彦根史談会編（2002:132），中村監修（1962:111）。

21）上野輝将ほか6人（2015:89）。

22）この時代，多くの職人が仏壇製造に転向した理由として，『彦根市史 中冊』では「従来武具・武器の製造に携わっていた細工人達が泰平の続くに従って次第にこれらに対する需要の減少に苦しむに至り，その打開策として仏壇製造に転向するに至ったと見ることが出来よう」と指摘している（中村監修, 1962:113）。

23）なお,『新修 彦根市史 第3巻 通史編 近代』では，この時期の彦根仏壇製造に用いる原料木材や販路について，以下のように記述している。「仏壇製造に用いる原料木材のうち，杉は県下から，檜は愛知県産のものを購入し，金箔は京都や金沢から，金具の地金は京都から，漆は京都・大阪・名古屋地方の商人から購入した。販路は県内および岐阜・愛知・福井・三重・広島・香川の各県を主とし，遠くは北海道までもたらされたという」（彦根市史編集委員会編集, 2009:382）。

24）具体的には,「仏壇業の木工・彫刻・塗師に家具業者からの転職者」であるとされている（彦根市史編集委員会編集, 2009:686）。

25）この点について『新修 彦根市史 第4巻 通史編 現代』では,「既に仏壇に対する需要は，高級な伝統的工芸品と一般品に二極分化し，一般品については，他産地との競争に打ち勝つためには，海外での生産，部品輸入は避けて通れないという認識が広がりつつあった」と指摘されている（上野輝将ほか6人, 2015:557）。

26）『毎日新聞』2009年6月20日付。

27）『滋賀彦根新聞』2009年6月3日付。

28）『毎日新聞』2010年10月31日付。

29）『毎日新聞』2010年10月31日付。

30）『近江同盟新聞』2011年4月15日付。

31）「柒⁺」は, 井上仏壇店を含む, 彦根仏壇の製造・販売にかかわるメンバー5名（2017年3月時点）で構成されているため，ここでの記述は井上仏壇店からみた「柒⁺」についてのものである点には注意が必要である。なお，ここでの記述は2014年7

月11日，井上昌一（井上仏壇店代表）への聞き取り（120分，「『柒⁺』プロジェクトについて」ほか）も参考にしている。

32）「柒⁺」HP「ナナプラス:沿革」（http://www.nanaplus.jp/concept/history/, 2017年3月4日閲覧）。

33）ここでは，井上仏壇店が「柒⁺」ブランドとして販売を開始した2013年3月を「柒⁺」の販売開始期とした。

34）『近江同盟新聞』2012年2月17日付。

35）『近江同盟新聞』2012年2月17日付。

36）『近江同盟新聞』2012年3月24日付。

37）『中日新聞』2012年3月23日付。また，発表された試作品4点の概要は以下の通りである（『京都新聞』2012年3月24日付，『近江同盟新聞』2012年3月24日付）。「kasanei（かさねい）」：透明と色つきの長浜ガラス2種で覆った位牌。「かどまる」：木版に仏の手のひらを刻んだ置物。「sou」：三分割方式の仏壇。「仏さまのお住まい」：ドールハウスから着想を得た仏壇や位牌をしまう二階建て仏壇。

38）『近江同盟新聞』2012年3月24日付。

39）『滋賀彦根新聞』2011年10月11日付。

40）『近江同盟新聞』2012年10月12日付。

41）『pen with New Attitude』（2011年，No.292, p.82）。

42）『an・an』（2011年，No.1766, p.15）。

43）井上仏壇店の製品開発と事業全体の関係については（大橋，2015）を参照。

44）「柒⁺」の成果については「柒⁺」HP「ナナプラス:メディア」（http://www.nanaplus.jp/concept/media/, 2017年3月4日閲覧）を参照した。

引用・参考文献

稲村毅，2006，「シナジー〔synergy〕」吉田和夫・大橋昭一編著『基本経営学用語辞典〔四訂版〕』同文舘出版，p.124。

上野輝将ほか6人，2015，『新修 彦根市史 第4巻 通史編 現代』彦根市。

大橋松貴，2015，「地域産業としての仏壇産業における製品開発の新機軸に関する考察——滋賀県彦根市の井上仏壇店の事例」地域デザイン学会誌『地域デザイン』第5号，pp.91-109。

面矢慎介，2015，「彦根仏壇産業の歴史と現在」*Bulletin of Asia Design Culture*

Society ISSUE NO.9 ORIGINAL ARTICLES NO.2015JT007 Accepetd March11, 2015, pp.1-12.
加藤寛監修, 2014,『図解 日本の漆工』東京美術。
唐崎卓也, 2016,「地域創生に向けた農産物直売所・朝市の新たな役割――農山村の内発的発展に向けた理論構築に向けて――」地域デザイン学会誌『地域デザイン』第7号, pp.31-48。
久野恵一監修, 荻原健太郎著, 2012,『木と漆』グラフィック社。
更谷富造, 2003,『漆芸――日本が捨てた宝物』光文社。
新村出編, 1991,『広辞苑 第四版』岩波書店。
髙橋愛典, 2016,「まち歩きと地域デザイン――新発見を誘うフレームワークの構築」地域デザイン学会誌『地域デザイン』第8号, pp.115-31。
十時啓悦, 工藤茂喜, 西川栄明, 2015,『漆塗りの技法書』誠文堂新光社。
中島一, 2002,『續 城と湖のまち彦根 ――歴史と伝統、そして――』サンライズ出版。
中村勝直監修, 1962,『彦根市史 中冊』彦根市役所。
原田保, 2011a,「地域ブランド戦略のパラダイム転換――コンテクストデザインによる実現――」一般社団法人地域ブランド・戦略研究推進協議会監修, 原田保・三浦俊彦編著『地域ブランドのコンテクストデザイン』同文舘出版, pp.3-8。
原田保, 2011b,「地域ブランドのデザインフレーム――ゾーンデザイン, エピソードメイク, アクターズネットワーク――」一般社団法人地域ブランド・戦略研究推進協議会監修, 原田保・三浦俊彦編著『地域ブランドのコンテクストデザイン』同文舘出版, pp.11-20。
原田保, 2011c,「歴史・文化を捉えた原点回帰ブランド CASE1『近江』」一般社団法人地域ブランド・戦略研究推進協議会監修, 原田保・三浦俊彦編著『地域ブランドのコンテクストデザイン』同文舘出版, pp.30-5。
原田保, 2011d,「ライバル関係を踏まえた境界を越える忍者ブランド CASE34『伊賀・甲賀』」一般社団法人地域ブランド・戦略研究推進協議会監修, 原田保・三浦俊彦編著『地域ブランドのコンテクストデザイン』同文舘出版, pp.238-43。
原田保, 2013a,「地域デザインの戦略的展開に向けた分析視角――生活価値発現のための地域のコンテクスト活用――」地域デザイン学会誌『地域デザイン』第1号, pp.7-15。
原田保, 2013b,「コンステレーションから読み解く奈良のブランド」地域デザイン学会編集, 原田保・武中千里・鈴木敦詞著『地域デザイン叢書2 奈良のコンステレーションブランディング“奈良”から“やまと”へのコンテクスト転換』

芙蓉書房出版, pp.26-35。
原田保, 2013c,「コンテクストブランドとしての地域ブランド――コンテクストである“地域”と“ブランド”の共振と共進による価値発現――」地域デザイン学会誌『地域デザイン』第2号, pp.9-22。
原田保, 2014,「地域デザイン理論のコンテクスト転換――ZTCAデザインモデルの提言――」地域デザイン学会誌『地域デザイン』第4号, pp.11-27。
原田保, 2015,「『深表統合モザイクゾーン』の戦略性に関する試論――“深層”のローカル性と“表層”のグローバル性」地域デザイン学会誌『地域デザイン』第6号, pp.9-24。
原田保・板倉宏昭, 2017,「地域デザインにおけるアクターズネットワークの基本構想――アクターズネットワークデザインの他のデザイン要素との関係性を踏まえた定義付けと体系化」地域デザイン学会誌『地域デザイン』第10号, pp.9-43。
原田保・古賀広志, 2016,「地域デザイン研究の定義とその理論フレームの骨子――地域デザイン学会における地域研究に関する認識の共有」地域デザイン学会誌『地域デザイン』第7号, pp.9-29。
原田保・鈴木敦詞, 2017,「ZTCAデザインモデルにおけるコンステレーションの定義と適用方法に関する提言」地域デザイン学会誌『地域デザイン』第9号, pp.9-31。
原田保・宮本文宏, 2016,「場の論理から捉えたトポスの展開――身体性によるつながりの場とエコシステムの創造」地域デザイン学会誌『地域デザイン』第8号, pp.9-36。
彦根市史編集委員会編集, 2009,『新修 彦根市史 第3巻 通史編 近代』彦根市。
彦根史談会編, 2002,『城下町彦根――街道と町並――』サンライズ出版。
本田正美, 2017,「公営競技におけるコンテクスト転換」地域デザイン学会誌『地域デザイン』, pp.55-73。
松田権六, 1964,『うるしの話』岩波書店。
丸谷雄一郎, 2015,「地域デザインのアクターとしての企業の可能性に関する一考察――グローバル性とローカル性を使い分けることで成長するイケアの事例を中心として――」地域デザイン学会誌『地域デザイン』第6号, pp.81-98。
三田村有純, 2005,『漆とジャパン――美の謎を追う』里文出版。
室瀬和美, 2002,『漆の文化――受け継がれる日本の美』角川書店。
山岸寿治, 1996,『漆よもやま話』雄山閣出版。

第4章

井上仏壇店の製品開発イノベーション

柒+「黒戸」

1. 問題の所在

近年，わが国の仏壇産業を取り巻く状況は厳しい。2011年２月に設置された「仏壇産業の現状と今後のあり方に関する研究会」において提出された報告書によると，核家族化や居住空間の洋室化などにより，仏壇の簡素化，小型化が進み，仏壇単価の下落も相まって仏壇産業全体が厳しい事業環境にあるとされている。さらに，宗教用具の国内製造出荷額は1990年の1,299億円をピークに減少傾向が続き，2007年には476億円にまで落ち込んでいることが示されている（経済産業省，2011:4）。仏壇産業を生業とする地域企業にとっては非常に厳しい状況が続いている。

しかしながら，仏壇の製造過程は複雑であり，さまざまな専門的技術を必要とするため，製造技術という側面からとらえた場合，地域企業の再生に関して大きなポテンシャルを備えていることも事実である。ここで重要となるのは「地域企業の再生を実現するための効果的な仏壇の製造技術をいかした製品開発活動」という点である。従来の仏壇産業に関する先行研究では，地理学的な視点からのものが存在するものの，製造技術の活用という観点から分析されているものは筆者の知る限り見受けられない[1)]。そのため，仏壇産業を生業とする地域企業が自社の独自技術をどのように活用し，再生への道を歩んでいるのかという点を明らかにすることは大きな意義を持つと考えられる。

事例として選択したのは，仏壇産業で有名な滋賀県彦根市を中心とした彦根仏壇産地である。同産地は，わが国の仏壇業界ではじめて国の伝統的工芸品に指定された地域であり，そこでつくられる仏壇は「彦根仏壇」とよばれ，高い評価を受けている[2)]。そのような地域にあって独自の活動を行っているのが本研究の調査対象である井上仏壇店である。同店は，従来の仏壇事業のほかに，創作仏壇の開発や，仏壇の製造技術をいかした異分野での製品開発といったそれまでの仏壇業界ではあまり見られない活動を行っている組織

[3]である。

本章では，仏壇産業に関する独自技術は，その歴史的変遷の中で誕生したものであることから，彦根仏壇の歴史や井上仏壇店の特徴などについて確認するとともに，同店がどのようなイノベーション（innovation）としての製品開発活動を行い，成果を上げているのかについてみていく。

以下，本章の構成について述べる。第２節では，組織のライフサイクルに関する先行研究をレビューし，イノベーションが組織を再び回復過程へと導くトリガーとなることを確認する。さらに，イノベーションのより詳細な類型化や特徴，成果について適切に把握するため，イノベーション論の観点からもみていく。第３節では，事例として取り上げる彦根仏壇の歴史的変遷についてみていく。また，本研究の調査対象である井上仏壇店の特徴について，地域の職人集団との関係を踏まえながら確認し，そのうえで，本章で彦根仏壇産地と井上仏壇店を取り上げる理由について述べる。第４節では，組織のライフサイクルの視点から井上仏壇店の歴史的変遷を概観するとともに，同店の新たな製品開発活動についてイノベーション論の観点からもみていく。第５節では，結論と今後の課題について述べる。

2. 先行研究のレビューと本章の分析視角

本章では，組織のライフサイクルに関する先行研究についてレビューする。そして，それらの先行研究を踏まえたうえで，日夏（1996）の「成熟企業の再建過程モデル」を提示する。最後に，本章において同モデルの補完的役割を果たすアバナシー＝クラーク（Abernathy=Clark, 1985）の「四象限モデル」についても言及し，本章の分析視角について確認する。

2.1 組織のライフサイクルに関する先行研究

組織のライフサイクルは一般的に成長，衰退，再成長の過程ととらえられるため，ここでは，それらに関する先行研究をレビューする。

組織の成長とは「長期的な規模の拡大傾向」と定義することができる（今口，1993:11）。組織の成長過程では，共通の目標を設定し，その目標達成のための戦略を策定し，効果的に実行するというプロセスをたどる。

また，組織の衰退とは「業績の低迷傾向が過去との対比で明確になった状態」と定義することができる（日夏，1996:88）。組織が衰退過程に入るのは景気変動などの社会経済的要因による場合が多いものの，組織内部に内在している経営戦略や管理システムの欠陥，マネジメント能力の欠如など，根本的に外部環境への適応能力が不足していることが主な要因であると指摘されている（日夏，1996:88）。

このように，組織は成長から衰退という過程をたどるが，すべての組織が衰退後に消滅するわけではなく，衰退を契機として組織改革を実施し，イノベーションを起こすことによって再成長させることが可能であることが指摘されている（今口，2007:49）。この組織のライフサイクルにおける再成長はターンアラウンド（Turnaround）と呼ばれ，さまざまな研究がなされている（中村，2003;大柳，2003，2004，2006）。次項では，これらの先行研究を踏まえたうえで，日夏（1996）の「成熟企業の再建過程モデル」を提示する。

2.2　日夏の「成熟企業の再建過程モデル」

本項では，地域企業のイノベーションを分析し，考察するうえで重要な位置にあると考えられる日夏（1996）の「成熟企業の再建過程モデル」について述べる。日夏は，企業はそれぞれが独自の衰退と再建過程を形成しているものの，その底辺には本質的な問題が存在しており，確実にあるいくつかのパターンを形成していると指摘している（日夏，1996:94-5）。そして，その代表的な研究成果がアージェンティ（Argenti）の「倒産軌跡モデル」（Argenti，1976=1977）であるとして，同モデルの考えを踏襲している。同モデルは，企業衰退の原因と兆候は一定の順序で発生するという前提のうえに成り立つものであり，その過程を明らかにすることで予防的な処置が取りやすくなる

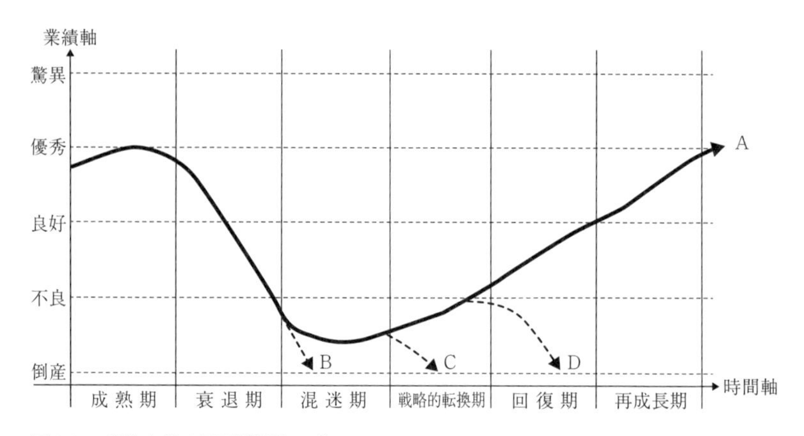

図4.1　成熟企業の再建過程モデル

※日夏（2000:293），図表7-4-3を引用。

という利点がある（日夏, 2000:293）。このような考えにもとづき，日夏（1996）は企業の衰退現象はいくつかの原因と兆候が組み合わさった「期間的現象」としてとらえる「成熟企業の再建過程モデル」を提示した。

ここで，このモデルの特徴と本章でそれを用いる理由について述べたうえで，同モデルの説明を行う。同モデルの特徴として，(1) 成熟期からはじまっている点，(2) 衰退期以降には倒産（矢印のB,C,D）だけでなく，イノベーションを引き起こす活動を行うことで再成長への過程に入るというシナリオ（矢印のA）が描かれている点（日夏, 2000:296-8），がある。(1) については，調査対象は全国的に評価が高い彦根仏壇産地において長年活動しているため，成熟企業としての要件を備えていること，(2) については，調査対象が自らの歴史的変遷のなかで誕生した独自技術を用いて，経営再建のためにイノベーションを引き起こす製品開発活動を行っていることから，同モデルを用いることに対して適合性があると考える。次に，同モデルについて簡潔に説明する。

成熟期は，経営は順調に行われており，企業内は活気に満ちているものの，製品ライフサイクルの成熟や従業員の士気の緩み，経営者の怠慢などの芽が内在している時期である。この時期は利益の確保は順調になされているが，新たな経営資源が蓄積されることはない。衰退期は，企業内部の欠陥が景気の後退などの外部環境の変化により顕在化し，企業業績が悪化する時期である。この時期は業績低下が著しく，既存の戦略に疑問を持ちはじめるようになる。混迷期は，それまでの戦略や管理システムでは対処できないことが判明する時期である。経営再建計画が立案され，新たな業績回復策が実施されるようになる。戦略的転換期は，経営陣が新たな戦略を採択することで管理システムの体制が再度整う時期である。ただし，この時期は経営再建の抜本的転換の体制は整うものの，利益面で期待されるものはない。回復期は，新体制が浸透するにつれ，徐々に業績が回復する時期である。また，この時期は経営資源の蓄積が重要視される。再成長期は，新体制下で経営再建は成功し，成長期に入る時期である。この時期には利益も順調に推移していく（日夏，1996:95-6）。

このモデルを用いることで，企業の衰退現象を時系列的にとらえるだけでなく，その再建過程に必要とされる個々のイノベーションについても確認することができる。ただし，このモデルでは，対象となる個々のイノベーションのより詳細な分類，特徴，成果について適切に把握することは難しい。そこで，本章ではそれらの課題をクリアする際に有効な指針となるアバナシー=クラーク（1985）の「四象限モデル」を補完的に用いる。

2.3 アバナシー＝クラークの「四象限モデル」

ここでは，前項で述べた日夏（1996）の「成熟企業の再建過程モデル」を補完する役割を果たすアバナシー＝クラーク（1985）の「四象限モデル」について説明する。当該モデルは横軸にプロセス・イノベーション（process innovation）とプロダクト・イノベーション（product innovation）を，縦軸に市場との関わりを置くことでイノベーションのあり方を明確にしたものである（米倉，2001）。ここで重要になるのが，このモデルにおけるイノベーションの概念を確認し，本章で用いるイノベーションの概念を明確にすることでである。一般的にイノベーションは斬新でほかとは異なった製品やサービスを開発するプロダクト・イノベーションと新しい製品やサービスの生産・販売方法などを生み出したり改良したりするプロセス・イノベーションに分類される（Utterback and Abernathy, 1975）。日夏は自身のモデルにおいて経営者の資質や価値観などにもとづく意思決定がイノベーションを実現させるためには重要であるとして，イノベーションを主にプロセス・イノベーションの観点からとらえている。それに対し，アバナシー＝クラークのモデルではプロセス・イノベーション，プロダクト・イノベーションの両方の意味を含んでおり，井上仏壇店の製造･販売プロセスも踏まえた製品開発活動を分析･考察する本章のコンテクストにも沿っている。そこで，本章ではイノベーションを，アバナシー＝クラークが自身のモデルで用いているようにプロセス・イノベーション，プロダクト・イノベーションの両方の意味を内包した概念としてとらえる。

「四象限モデル」における「構築的革新」（architectual innovation）とは，破壊的な技術を用いてまったく新しい市場を開拓するようなイノベーション

隙間創造 (Niche Creation)	新市場創出	構築的革新 (Architectual)
既存技術の保守強化 通常的革新 (Regular)	既存市場深耕	既存技術の破壊 革命的革新 (Revolutionary)

図4.2　イノベーションの「四象限モデル」

注1）Abernathy=Clark（1985）は，各軸について（　）内の記述をしている。
「既存技術の破壊」（disrupt/obsolete existing competence),「既存技術の保守強化」（conserve/entrench existing competence)，「新市場創出」（disrupt existing/create new linkages)，「既存市場深耕」（conserve/entrench existing linkages）（Abernathy=Clark, 1985:8)。
※米倉（2001:58)，図2.1を引用。

である。また，「革命的革新」(revolutionary innovation) とは，破壊的技術を用いつつ，既存の市場を開拓していくようなイノベーションである。一方，「隙間創造」(niche creation) とは，既存の技術を強化しつつも，まったく新しい市場を開拓するようなイノベーションであり，「通常的革新」(regular innovation) とは，既存の技術を強化し，かつ，既存の市場を深耕するようなイノベーションのことである。このモデルを補完的に用いることで，調査対象が自身の再建過程の各フェーズで，どのようなイノベーションを行い，どの程度市場で有効であるかといったことなどについてより詳細に把握することが可能になる。

3. 事例概要

本節では，滋賀県彦根市を中心に発展してきた彦根仏壇の歴史や特徴について概観するとともに，調査対象である井上仏壇店の特徴について，地域の職人集団との関係を踏まえてみていく。そのうえで，本章で彦根仏壇産地や井上仏壇店を取り上げる理由について述べる。

3.1 彦根仏壇の歴史と特徴

彦根仏壇の起源は井伊家の庇護のもと，江戸中～後期に武具甲冑の職人が平和産業としての仏壇製造を行ったことにあるとされている。彦根仏壇の発展基盤が整備された理由としては，徳川幕府のキリスト教の禁止政策により，異教徒でない証拠として仏壇を設置することが一般化してきたことや，彦根藩が強力な庇護を行ったことなどがある。その結果，彦根の城下町と中山道を結ぶ街道である新町七曲がり（通称七曲がり）を中心に仏壇産業が発展していった。その後，第二次世界大戦の影響もあり，さまざまな制約を受けたものの，1975年には仏壇業界ではじめて国の伝統的工芸品に指定され，仏壇産地としての地位を確立していった。しかしながら，1991年には約56億円あった生産額が2009年には約30億円にまで減少するなど，彦根仏壇産地は厳しい状況に置かれている[4)]。次に，彦根仏壇の特徴について述べる。

彦根仏壇の特徴として，(a) 金仏壇，(b) 大型（４尺壇），(c) 高価，(d) リフォーム（洗濯）が可能，(e) 問屋制家内工業であり，工部七職という分業体制が確立されていること，などがある。以下，これらの内容を簡潔にみていく。(a) の金仏壇とは，白木に塗装して，金箔・金粉を施したものであり，(b) の４尺壇とは，幅が４尺（121.2㎝），高さ５尺８寸（176㎝）の大型仏壇のことである。また，(c) では，価格帯が500～800万円に設定されていることが多く，他の仏壇産地と比較しても高額であることが多い[5)]。(d) のリフォームとは，業界では「洗濯」と呼ばれ，仏壇を解体・洗浄し，補修を行う工程のことである。(e) の工部七職とは，木地師，宮殿師，彫刻師，錺金具師，漆塗師，蒔絵師，金箔押師から成るものであり，彦根仏壇はこれらの職人による工程を経て，仏壇店で組み立てられることで完成する。

3.2　井上仏壇店と職人集団

井上仏壇店は，1901年に初代井上久次郎が仏壇の錺金具職人として創業したのがそのはじまりであり，1948年からは本格的に仏壇の製造販売業を開始し，現在に至っている。ここでは，同店の特徴について工部七職の職人との関係を踏まえて述べる。

同店の特徴として，「工部七職の職人が保有する技術の応用」がある。井上仏壇店は，既存の彦根仏壇はもとより，新製品を開発する際にも工部七職の職人が保有する技術を応用している。既存の彦根仏壇の例としては主に金箔押師の技術を，新製品の例としては主に蒔絵師や漆塗師の技術を応用している。最初に金箔押師の技術の応用についてみていく。金箔押師の技術の応用としては本金を用いた金紙の使用がある。従来の仏壇では，金箔を用いていたがそれでは剥げやすく，傷つきやすいうえ，無地で模様が描けないという欠点があった。しかしながら井上仏壇店は，金紙を用いることで耐久性をアップさせ，さらに模様を加えることにも成功している[6)]。次に，蒔絵師の技術の応用についてみていく。蒔絵師の技術の応用として，顧客の要望に応えるために一般的には仏壇にあまり用いられない対象を描くことがある[7)]。最後に，漆塗師の技術の応用に関しては，漆の乾燥に関する調整がある。一般的に，漆には空気中の水蒸気を吸収して化学反応を起こし，酸化していくという性質があることから「漆は湿気で乾く」といわれる。さらに，漆はその性質上，ゆっくり乾かさないとモダンで明るい色を出すことができず，乾かすスピードも湿気など気候等の影響を受けて変化するため，高度な技術を必要とする。井上仏壇店は，このような活動を行うことで，後述する新たな製品開発を実現させるための技術，知識，ノウハウを蓄積していった[8)]。

3.3　事例選択理由

最後に，本章で彦根仏壇産地と井上仏壇店を取り上げる理由について確認する。前述したように，江戸中〜後期に誕生した彦根仏壇産地は，仏壇産業においてはじめてわが国の伝統的工芸品に指定されていることや，工部七職を中心とした分業制が進み，仏壇製造に高い技術を必要とすることなどから，産地として高いポテンシャルを有していることがわかる。また，井上仏壇店についても，一般的に閉鎖的・保守的な傾向のある仏壇業界において，産地の独自技術をいかした新たな製品開発活動を次々と展開しているだけでなく，既存の仏壇に関する活動についても彦根仏壇産地はもとより，全国的にも評価をされていることから本章の調査対象として取り上げる意義があると考える。

4.　事例分析

本節では，日夏（1996）の「成熟企業の再建過程モデル」を用いて井上仏壇店のあゆみについてみていく。そのうえで，アバナシー＝クラーク（1985）の「四象限モデル」を補完的に用いて，同店の新たな製品開発活動についてみていく。なお，図4.3は日夏（1996）の「成熟企業の再建過程モデル」を用

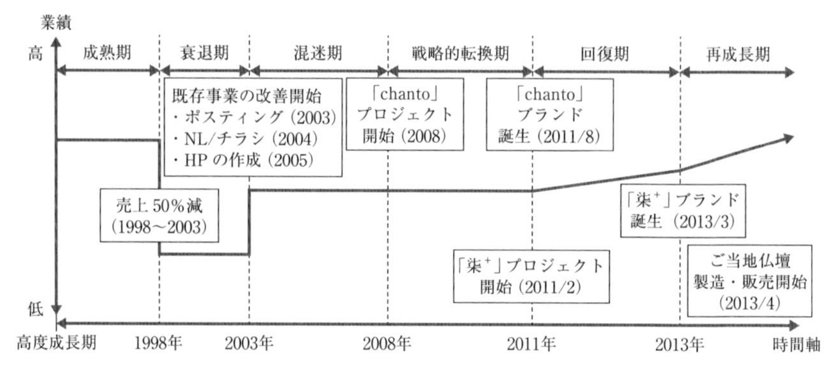

図4.3 「成熟企業の再建過程モデル」からみた井上仏壇店のあゆみ

注1）ご当地仏壇とは，顧客の要望に応えた完全オーダーメイドの仏壇のことである。
※当該図は，井上仏壇店への聞き取りおよび同店から提供された資料をもとに筆者が作成。なお，図のスタイルなどについては，日夏（2000:293），図7-4-3を参考にした。

いて井上仏壇店のあゆみを示したものである。

4.1 成熟期から衰退期

井上仏壇店の成熟期は高度成長期から1998年にかけての時期である。この時期は，自ら積極的に行動を起こさなくても口コミをはじめとしたフェース・トゥ・フェースの関係だけで利益の確保が可能であった。また，国の伝統的工芸品の認定のほかに，地域独自の品質基準が生まれるなど，仏壇製品のライフサイクルも成熟期を迎えていた[9)]。

高度成長期以降は，景気の後退やライフスタイルの変化などによる需要の低下，安価な海外製品の進出といった外部環境の変化などにより，次第に業績が停滞するようになる。しかしながら，この時期はまだ店舗を維持するだけの売上を確保していたため，特別な対策は行われなかった。

1998年頃になると業績は急激に悪化し，同店は衰退期へ突入する。同店の代表である井上は「売り上げが増加しないとはいえ，食べるに困らないくらいには売れていた。このまま業界は推移するのではないかと楽観視していた。

しかし，それ以前の売り上げを100とすると1998年には50まで急激に低下した」というように，企業の存続が危うくなるところまで業績が悪化していった[10]。この段階で初めて，同店はこれからどのような行動を起こせばよいのかを検討しはじめるようになる。

4.2 混迷期

1998年から急激に悪化した業績はそのまま5年ほど続き，井上仏壇店はある決断を下すことになる。それまでの仏壇業界では，口コミなどのフェース・トゥ・フェースの関係で利益を確保できていたため，販売促進のための行動を起こすことは少なかった。しかし，井上仏壇店は自らの先行きに不安を感じていたため，経営再建策として，能動的に販売促進活動を行うようになる。まず，2003年には新しい活動を行うために，日常業務を他の人間に任せることにした。そして，同年からポスティングを開始し，翌年にはニュースレターやチラシの作製・配布をはじめるようになる。さらに，2005年にはホームページを作成し，既存の顧客だけでなく，新たな顧客を獲得するための活動をはじめた[11]。

4.3 戦略的転換期

この時期には，本業である仏壇事業以外の活動が行われるようになり，経営再建の抜本的転換の体制が整うようになる。具体的には，2008年の夏ごろから仏壇の製造技術をいかした異分野の製品開発活動である「chanto」プロジェクト，2011年2月からは新しい祈りのかたちを実現させるための創作仏壇の開発活動である「柒⁺」プロジェクトが開始され，本業である彦根仏壇以外の活動を行うための体制が整うようになる。ここでは，各プロジェクト開始のきっかけとその概要についてみていく。

「chanto」プロジェクト開始のきっかけは，2008年の夏ごろに井上が，当時，彦根商工会議所でセミナー講師を務めていたK氏と出会ったことにはじまる。K氏はもともと，仏壇業界に興味を抱いており，仏壇の製造技術の異分野（インテリア）への転用について井上と議論を重ねた。その結果，井上仏壇店は翌年５月に開催されるニューヨーク国際現代家具見本市のジャパンパビリオンへ出展することになった。この見本市で出品した製品の評判はおおむね良かったものの，「製品がアジアチックであり，一般受けするようなものではない」との指摘も受け，さらにほかの参加者と話をするなかで，井上は徹底した製品開発活動を行う必要があると考えるようになった。この見本市への出展後，井上仏壇店はさらに広く一般の人々に受け入れてもらうための製品開発を行うようになる。

新たに製品開発を行うにあたり，井上は2009年の10月から新ブランドの製品コンセプトづくりに着手する。井上はデザイナーのＳ氏に声をかけ，同氏と議論を重ねた結果，彦根仏壇の漆塗りの技術を用いることを決定した。これは，彦根仏壇の漆塗りの技術を応用したところ，漆器産地でも出すことができない明るくモダンな色を出せることが判明したためである。このようにして，2011年８月，漆塗りの技術をいかしたインテリア製品である「chanto」ブランドが誕生した。同ブランドでは，バゲットトレイやキッチントレイ，エスプレッソカップなどの製品がラインアップされている[12]。

「柒⁺」プロジェクト開始のきっかけは，2010年７月に行われた滋賀県主催の「ものづくり感性価値向上支援プロジェクト」に彦根仏壇事業協同組合青年部有志が参加したことにはじまる。このプロジェクトに参加した有志のうち，井上仏壇店を含む５社が2011年２月に新しい祈りのかたちを創造するグループ「柒⁺」を結成することで，「柒⁺」プロジェクトははじまった。そして，同年９月には「LIVING & DESIGN展」（インテックス大阪）に初めて出展し，良い反応を得たことから，本格的に販売も視野に入れた活動を行うようになる。販売に関する活動としては，2013年３月に東京の上野と青山で，2014年２月には上野で展示販売会が開催され，現在ではホームページにおいても販売している。なお，同ブランドも「chanto」と同様に製品には漆塗りの技術が応用されている[13]。

表4.1　井上仏壇店の新たな製品開発活動の概要（売上の単位：万円）

分類	具体的な事例（プロジェクト）	開始時期（販売時期）	応用技術	成果			
				展示会	カタログ	メディア	売上
従来の仏壇	ご当地仏壇	2013～（2013～）	蒔絵	—	—	11	540.3
創作仏壇	柒+	2011～（2013～）	漆塗り	4	—	18	11.9
異分野の製品	chanto	2008～（2011～）	漆塗り	26	4	40	204.8

注1）成果欄の展示会，カタログ，メディアの数字はプロジェクト開始からのものを含んでいる。
注2）売上は販売開始期から2014年4月期までの累計額である。
※当該表は，井上仏壇店への聞き取りおよび同店から提供された資料をもとに筆者が作成。

4.4　回復期から再成長期

ここでは，井上仏壇店の新たな製品開発活動を概観し，同店がこれらの活動により，どのように回復期から再成長期への道を辿っていったのかについて確認する。

従来の仏壇の枠組みのなかでの新たな製品開発活動であるご当地仏壇については，すでに2本を製造・販売しており，540.3万円を売り上げている。これについては，『京都新聞』，『毎日新聞』，『中日新聞』のほか，『仏事』や『宗教工芸新聞』等の業界紙・誌でも取り上げられている。次に，創作仏壇の開発活動である「柒+」についてみていく。「柒+」ブランドは2013年の3月から販売を開始しており，これまでに11.9万円を売り上げている。展示会については，販売を開始した2013年3月に東京上野の2k540での展示販売会をはじめ，2014年2月にはインターナショナル・ギフトショー（東京ビッグサイト）などで活動している。これについては，『毎日新聞』，『朝日新聞』，『日本経済新聞』のほか，関西テレビ[14]やNHK[15]でも取り上げられている。最後に，仏壇の製造技術をいかした異分野での製品開発活動である「chanto」についてみていく。「chanto」ブランドは2011年8月から販売を開始しており，これまでに204.8万円を売り上げている。展示会については，仏壇とは異なり，一般に受け入れられやすいカフェ用品であるため，海外での出展が多い。具体的には，2011年６～７月にフランス・パリで開催された「MEET MY PROJECT」をはじめ，2012年２月にドイツ・フランクフルト，2013年11～12月に台湾，2014年にイギリス・ロンドンやフランス・パリなどさまざまな国で展示会を行うと同時に，テスト販売などを行い，市場調査を実施している。カタログに関しても，2012年に高島屋サロン，2013年にそごう西武，高島屋，そして2014年に伊勢丹で採用されている。メディアに関しても主要各紙に取り上げられ，インテリア雑誌である『ELLE DE COR』をはじめ，『pen』，『Richesse』，『an・an』などでも活動が掲載されている[16)]。

次に，井上仏壇店がこれらの製品開発活動を行うことで，どのようにして回復期から再成長期へと進むことができたのかについてみていく。表4.2は，2011年４月期から2014年４月期における同店の売上を全事業，「chanto」，「柒⁺」，ご当地仏壇別に分類したものである。

表4.2　井上仏壇店の全事業と新たな製品開発に関する取り組みにおける成果（単位：万円）

	活動内容	2011年４月期	2012年４月期	2013年４月期	2014年４月期
売上	全事業	6,591.8	7,860.5	8,718.6	10,670.2
	chanto	—	86.0	68.3	50.5
	柒⁺	—	—	6.5	5.4
	ご当地仏壇	—	—	—	540.3

注１）「chanto」は，2011年８月に発売されたため，2011年４月期の売上はない。
注２）ご当地仏壇については，ご当地の城などを描いた蒔絵が入った仏壇仏具の総額である。
※当該表は，井上仏壇店への聞き取りおよび同店から提供された資料をもとに筆者が作成。

表4.2のデータをみると，新たな製品開発活動それ自体の成果は突出したものではない。しかしながら，井上によるとこれらの活動に関しては過剰な投資はせず，本業の宣伝の意味合いが強いものであるという[17)]。事実，全事業の売上は新たな製品開発活動を行っていない2011年４月期には6,591.8万円であったものの，その後，右肩上がりに業績を伸ばし，2014年４月期には１億670.2万円（約161.9%増）にまで達している。

まとめると，井上仏壇店は新たな製品開発活動を行うことで，各種メディアから注目され，結果として既存事業を中心とした事業全体の業績を向上させることにつながったといえよう。

4.5 四象限モデルからみた井上仏壇店の製品開発活動

まず，「従来の仏壇の枠組みのなかでの新たな製品開発活動」についてみていく。この活動には，ご当地仏壇に関する活動がある。これは，既存の彦根仏壇の市場における顧客を維持するためのものであり，「四象限モデル」でいう「既存市場深耕」に該当すると考えられる。また，技術の観点からみても，蒔絵に描く絵柄は顧客の要望に応じたものであるが，それらは彦根城や彦根屛風など絵柄の対象それ自体に関するものであるため，特に新しい技術などは用いられていない。このことから「既存技術の保守強化」に該当すると考えられる。以上のことから，ご当地仏壇に関する製品開発活動は「通常的革新」であると考えられる。

次に，創作仏壇の製品開発活動である「柒⁺」プロジェクトについてみていく。井上仏壇店は「柒⁺」プロジェクトにおいて，それまでの仏壇市場とは異なる「インテリアとしての仏壇」という新たな市場を開拓したことから，「新市場創出」に該当すると考えられる。そして，技術の観点からは，彦根仏壇における漆塗りの技術を応用しているものの，仏壇というカテゴリー内の応用に留まっているため「既存技術の保守強化」に該当すると考えられる。以上のことから，「柒⁺」に関する製品開発活動は「隙間創造」であると考えられる。

最後に，仏壇の製造技術をいかした異分野の製品開発活動である「chanto」プロジェクトについてみていく。井上仏壇店は「chanto」プロジェクトにおいて仏壇の漆塗りの技術をインテリア製品に応用し，漆器産地でも出せないモダンで明るい色漆を用いており，従来のインテリア製品市場とは異なる独自の市場を生み出しているため，「新市場創出」に該当すると考えられる。また，漆塗りの技術の応用は仏壇の枠組みに収まるものではなく，その特性

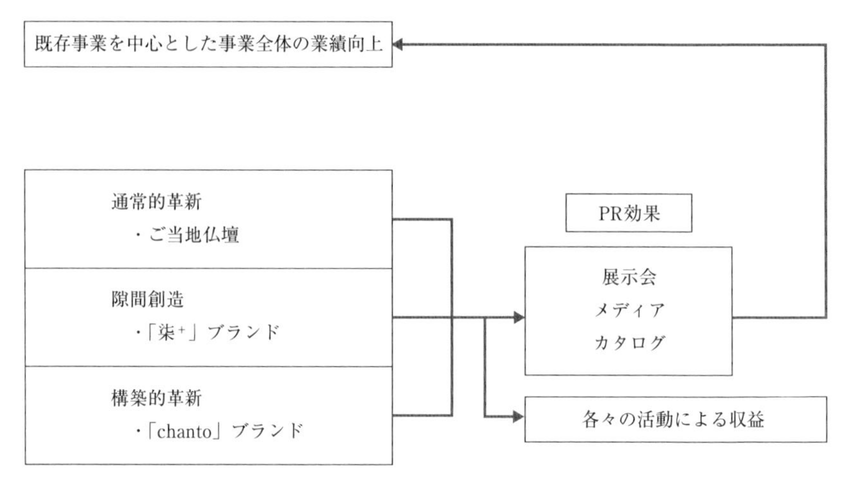

図4.4　井上仏壇店の再建過程

※当該図は，筆者が作成。

も従来の漆器産地よりも進化したものであることから，「既存技術の破壊」に該当すると考えられる。以上のことから，「chanto」に関する製品開発活動は「構築的革新」であると考えられる。

ここまで，日夏(1996)の「成熟企業の再建過程モデル」を用いて井上仏壇店のあゆみについてみてきた。さらに，同モデルの補完的役割を果たすものとしてアバナシー＝クラーク(1985)の「四象限モデル」を用いて同店のイノベーションをより詳細に分類し，その特徴や成果についてもみてきた。その結果，井上仏壇店は自身の再建過程において，既存事業である彦根仏壇の製造・販売を継続しながらも，アバナシー＝クラーク(1985)の提唱した「四象限モデル」のうちの３つのイノベーション(「通常的革新」,「隙間創造」,「構築的革新」)を開始することで，結果として外部から注目され，既存事業を中心とした事業全体の業績を向上させたことを明らかにした。第５節では，ここまでの内容をもとに，本章で得られた知見について述べる。

5. 結論と今後の課題

本章では，井上仏壇店の事例をもとに「地域企業の再生を実現させるための効果的な仏壇の製造技術をいかした製品開発活動」についてみてきた。まず，対象となる仏壇産業は伝統産業であり，その歴史的変遷が重要であることから，組織のライフサイクルに関する先行研究をレビューしたうえで，日夏（1996）の「成熟企業の再建過程モデル」を用いて分析した。さらに，同モデルを用いるにあたり，補完的な役割を果たすアバナシー＝クラーク（1985）の「四象限モデル」によって，井上仏壇店が自身の再建過程で行った個々のイノベーションの類型化や特徴，成果についてもみてきた。

分析の結果，井上仏壇店は既存の事業を継続しながらも，自社の持つ独自技術をいかした新たな製品開発活動（ご当地仏壇，「柒⁺」，「chanto」）を行っていた。それらの活動をイノベーション論の観点からとらえると，アバナシー＝クラーク（1985）の「四象限モデル」において，ご当地仏壇は「通常的革新」，「柒⁺」は「隙間創造」，「chanto」は「構築的革新」にそれぞれ該当することが明らかになった。そして，これらの活動は外部から注目されることで，結果として既存事業を中心とした事業全体の業績を向上させたのである。

ここまでの内容を踏まえ，本章における学術的な成果として次の点を挙げることができる。第一に，本章では日夏（1996）の「成熟企業の再建過程モデル」を用いているだけでなく，その補完的役割を果たすものとしてアバナシー＝クラーク（1985）の「四象限モデル」の視点を取り入れている点である。これにより，井上仏壇店の再建過程を時系列的に分析するだけでなく，同店が行ったイノベーションについて詳細に把握することが可能になった。第二に，日夏（1996）の「成熟企業の再建過程モデル」において，経営再建の初期段階にこそ，それ自体が外部に強烈なインパクトを与えるようなイノベーションを行うことが重要であるということである。実際に，本研究の調査対象である井上仏壇店は，経営再建の初期段階である戦略的転換期に「chanto」

や「柒+」といった製品開発活動を行うことで，外部から注目され，それが自社にとって効果的なPRとなり，結果として経営再建を実現させている。第三に，「四象限モデル」におけるイノベーションは既存事業を中心とした事業全体に関して新たな顧客を獲得することになるという，いわば「顧客増幅装置」の役割を果たす可能性があるということである。本章では，井上仏壇店の事例を通じて，同モデルにおけるイノベーションはそれ自体が収益を創出しただけでなく，各種メディアから注目されるというPR効果をもたらすことで既存事業を中心とした事業全体における収益を大幅に増加させたことを明らかにした。

次に，実務的な成果について述べる。実務的な成果としては，次の点を挙げることができる。第一に，既存事業の立て直しを図ることが有効である点である。衰退期に入ったからといって既存事業を縮小したり廃止したりするのではなく，事業を継続して行うことで，一定の収入を確保しておく必要がある。これにより，組織は新たな製品開発活動を行うための最低限の財政的基盤を整えることができ，後の既存事業を中心とした事業全体の収益増加につながっていく。第二に，新たな製品開発活動のうち，市場と技術の両方の革新性が低い場合は自社が中心となって行えるものであるのに対し，少なくとも市場と技術のどちらか一方において革新性が高い場合には，プロジェクト組織を誕生させることが有効であるという点である。これにより，革新性の高さに付随するコストや経営資源などの問題を克服することができ，新たな販売ルートの開拓なども効果的に行うことが可能になる。

最後に，本章の課題について述べる。本章では，井上仏壇店の事例を通じて，苦境に立たされている地域企業が再生するためには，アバナシー＝クラーク（1985）のいう「四象限モデル」におけるイノベーションが既存事業を中心とした事業全体の収益向上にとって効果的であると述べたが，同モデルにおける各々のイノベーションのどれが事業全体の収益の向上に有効であるかについては，対象となる産業によって異なる可能性がある。そのため，今後は他産業の事例を通じて，組織の再生へのプロセスとイノベーションとの関係性についてのさらなる分析および考察を行う必要がある。

注

1）仏壇を地理学的な視点から分析したものとしては，内田（1965, 1977）の研究がある。また，仏壇のデザインに関しては面矢（2005）の報告書があるが，本研究のように製造技術の活用といった視点からのものではない。
2）彦根市役所（2012:23）。
3）本章では，組織を経営組織としての企業と位置づけている。
4）井上仏壇店提供資料より。
5）他産地における一般的な仏壇の価格は150～500万円程度である。
6）これは「金紙仏壇」のことである。
7）これは「ご当地仏壇」のことである。
8）本項での記述は，2014年6月16日，井上昌一（井上仏壇店代表）への聞き取り（150分，「金紙仏壇，ご当地仏壇，漆塗師の技術の応用について」ほか）を参考にしている。
9）彦根仏壇産地では，そこで製造された仏壇について「伝統的工芸品」以外にも品質検査が実施され，伝統的工芸品に準ずるものとして「組合合格壇」，さらに，組合合格壇に準ずるものとして「産地推奨品」といったランク分けがなされている（2014年6月16日，井上仏壇店代表井上昌一への聞き取り〔150分，「彦根仏壇のランク分けについて」ほか〕による）。
10）『仏事』，2012年3月号。
11）本項での記述は，2014年6月16日，井上昌一（井上仏壇店代表）への聞き取り（150分，「井上仏壇店の混迷期」ほか）を参考にしている。
12）「chanto works for cafe」〔チラシ〕。
13）2014年7月11日，井上昌一（井上仏壇店代表）への聞き取りによる（120分，「井上仏壇店の『柒+』製品に対する応用技術について」ほか）。
14）「ニュースアンカー：2012年2月放送」。
15）「学生との商品開発：2012年3月放送」，「ええトコ：2012年11月放送」。
16）詳細については以下の通りである。『ELLE DE COR』（2011年8月号, p.156），『pen with New Attitude』（2011, No.292, p.82），『Richesse』（2012, WINTER, NO.2, pp.72-3），『an・an』（2011, No.1766, p.15）にそれぞれ掲載されている。なお，本項で述べている井上仏壇店の成果については，すべて同店から提供され

た資料によるものである。

17) 井上氏によれば，カタログやメディアに関しては，相手側から話が持ちかけられたものであり，自らが掛け合って掲載を実現させたものではないため，コストはかかっていないという（2014年７月25日，井上仏壇店代表井上昌一への聞き取り〔65分，「カタログやメディアへの掲載について」ほか〕による）。

引用・参考文献

Argenti, J., 1976, *Corporate Collapse:the Causes and Symptoms,* McGraw-Hill.（=1977, 中村元一訳『会社崩壊の軌跡』日本工業新聞社）。

Utterback, J.M. and W.J.Abernathy, 1975, "A Dynamic Model of Process and Product Innovation," *Omega,* Vol.6, pp.639-56.

Abernathy, W.J. and K.B.Clark, 1985, "Innovation:Mapping the Winds of Creative Destruction," *Research Policy,* Vol.14, No.1, pp.3-22.

井上仏壇店HP「店舗のご案内」（http://www.inouebutudan.com/shop.html, 2014年７月19日閲覧）。

今口忠政, 1993,『組織の成長と衰退』白桃書房。

今口忠政, 2007,「組織の衰退とイノベーション――ライフサイクルの視点から――」『三田商学研究』第50巻第３号，pp.45-55。

内田秀雄, 1965,「飯山仏壇について――伝統工業の地理学的研究――」『生活文化研究』第13巻, pp.431-42。

内田秀雄, 1977,「三河における仏壇工芸――風土地理学論的考察――」『奈良大学紀要』第６号, pp.15-27。

大柳康司, 2003,「ターンアラウンド戦略の有効性」『経営分析研究』第19号, pp.71-8。

大柳康司, 2004,「ターンアラウンド戦略の類型と効果」『専修経営学論集』第78号, pp.115-62。

大柳康司, 2006,「ターンアラウンド戦略の成否――日産自動車を例に――」『専修経営学論集』第83号, pp.109-45。

面矢慎介, 2005,「彦根仏壇組合との10年――デザイン・伝統産業・大学――」『人間文化』18号, pp.73-8。

経済産業省, 2011,「仏壇産業の現状と今後のあり方に関する研究会報告書」

(http://www.meti.go.jp/committee/kenkyukai/seisan/butsudan/report01.html, 2014年6月3日閲覧)。

「chanto」HP「chanto works for café」(http://www.chanto.org/top/index.html, 2014年8月6日閲覧)。

Schumpeter, J.A., 1926, *Theorie der wirtschaftlichen Entwicklung: Eine Untersuchung über Unternehmergewinn, Kapital, Kredit, Zins und den Konjunkturzyklus,* 2nd revised ed. Leipzig: Duncker & Humblot.(=1977, 塩野谷祐一・中山伊知郎・東畑精一訳『経済発展の理論(上)』, 岩波書店)。

中村裕昭, 2003,『ターンアラウンドスペシャリスト――企業再生における第三の力――』きんざい。

「柒+」HP「こころ豊かな暮らし～新しい祈りのかたち～」(http://www.nanaplus.jp/, 2014年8月6日閲覧)。

彦根市役所, 2012,『風格と魅力ある都市 彦根』〔彦根市勢要覧〕。

彦根仏壇事業協同組合HP「彦根仏壇350年の歴史」(http://hikone-butsudan.net/history/, 2014年6月19日閲覧)。

日夏嘉寿雄, 1996,「企業業績の衰退・再建過程と経営者」『帝塚山大学経済学』第5巻, pp.87-117。

日夏嘉寿雄, 2000,「企業の再生化戦略と地域産業活性化策」今口忠政・日夏嘉寿雄編著『京都企業の光と影――成長・衰退のメカニズムと再生化への展望――』思文閣出版, pp.288-304。

米倉誠一郎, 2001,「イノベーションの歴史」一橋大学イノベーション研究センター編『イノベーション・マネジメント入門』日本経済新聞出版社, pp.24-65。

第５章

彦根仏壇産地における
井上仏壇店のターンアラウンド戦略

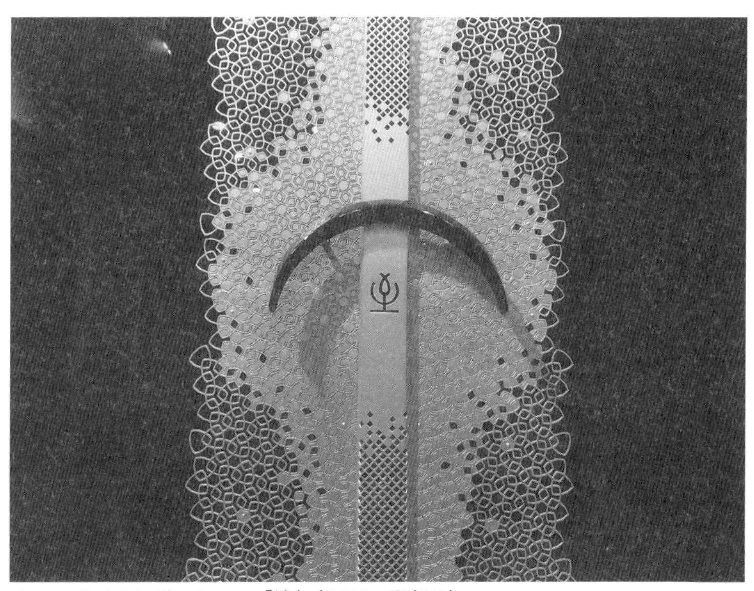

ウォッチワインダーケース「壇」〔DAN：扉部分〕

1. 問題の所在

本章では，企業が自身の経営再建のために行うターンアラウンド(Turnaround)戦略の有効性について事例を通して分析する。企業の経営再建については大柳(2006)，日夏(1996)，日夏・今口編著(2000)などの先行研究が存在するが，ターンアラウンド戦略の有効性を実証している研究は欧米のものが中心であり，国内を対象としたものは未だ少ない[1)]。

また，地方創生がさけばれる現在，地域の活性化にとって，多様な技術やスキルを保有する地元の中小企業の存在は大きなものになっている[2)]。そこで本章では，地域の活性化に重要な役割を果たす中小企業のターンアラウンド戦略を取り上げ，事例を通してその有効性を検証する。そのため，ここでは事例を選択するにあたり，(1)当該産業において一定の評価を受けており，高い技術的ポテンシャルを有しているものの，(2)現在では，その産地が厳しい状況に置かれている。そのなかで(3)対象となる中小企業は，既存事業における製品の製造技術をいかした新たな活動を行うことで，効果的なターンアラウンド戦略を展開している，という点をポイントにした。これらの内容を踏まえ，本章では仏壇産業で有名な彦根仏壇産地に活動拠点を置く井上仏壇店・㈱井上(以下，井上仏壇店)の事例を取り上げる。

仏壇産業を取りまく環境は厳しく，彦根仏壇産地についても同様である。しかしながら，仏壇の製造工程は複雑であり，特に彦根仏壇産地においては分業が発達している点にその特徴がみられる。そして，本研究の調査対象である井上仏壇店は仏壇の製造技術をいかした新たな活動を行うことで既存事業を中心とした事業全体の業績を回復させ，経営再建を実現させている。

以上の内容から，本章において仏壇産業における井上仏壇店の活動および成果についてターンアラウンド戦略の観点から分析し，考察することには学術的・実務的意義があると考えられる。以下，本章の構成について述べる。第2節では，ターンアラウンド戦略に関する先行研究をレビューし，ターンアラウンドおよびターンアラウンド戦略の概念について確認する。そのうえで本章のフレームワークなどを提示し，分析視角について述べる。第3節では，井上仏壇店の概要について確認する。第4節では，第2節で提示したフレームワークなどを用いて井上仏壇店の活動についてみていく。第5節では，結論と今後の課題について述べる。

2. 先行研究のレビューと本章の分析視角

本節では，ターンアラウンドに関する先行研究をレビューする。そして，それらの先行研究を踏まえたうえで，谷・榎本(2006)のターンアラウンド戦略のフレームワークを提示する。また，谷・榎本(2006)が同フレームワークにおける復帰戦略を詳細に分析する際に適応可能であるとするアンゾフ(Ansoff, 1965=1969)の成長ベクトルについても言及し，そのうえで本章の分析視角について確認する。

2.1 ターンアラウンドとは

一般的に，ターンアラウンドという用語は日常のビジネスやマスメディアにおいて「経営問題や経営トラブルから立ち直ること」を指している(中村, 2003:3)[3)]。中村はターンアラウンドを「すでに発生している業況の不振や，業務遂行上障害となっている各種経営問題を解決する方向に向けること」,「現状のままでは企業にとって望ましくない状況に突入する可能性が高いという認識に基づき，問題点を改善する方向に向けること」であるとしつつ，これらの表現では冗長であるため,「企業の再生」,「企業の再建」,「企業の建直し」,「企業問題の改善」,「企業トラブルの治療」といった一般的な内容として提示した(中村, 2003:5)。また，甲斐は「経営学的にいえば経営の独自性が回復した状態」(甲斐, 2005:1)と述べており，Slatter & Lovettは「病んでいる企業が債務超過という事態を回避すべく負債を減らし，短期間で収益力を築くプロセス」である(Slatter & Lovett, 1999=2003:i)としている。このようにターンアラウンド概念のとらえ方は論者によってさまざまである[4)]ものの，これらの先行研究から「将来的(もしくは現在)において経営状況が厳しいこと」，「経営状況を悪化させている要因に対処すること」，「経営状況を回復させること」といった要素を見出すことができる。

これらの先行研究を踏まえ，本章ではターンアラウンドを「このままでは(もしくは現在)企業の存続が厳しい状況であり，企業はその要因となる問題に対処し，自身の経営状況を改善させること」であると措定する。

2.2 ターンアラウンド戦略の特性

大柳は，ターンアラウンド戦略を「倒産要因の影響を減少させ，当該企業を衰退状態，すなわち健全度の悪化から回復させること」と定義している(大柳, 2003:72)。そして，そこでの重要なポイントとして「健全度」，「成長戦略との違い」を指摘している[5)]。前者は，一般的に好景気では業績は高くなりやすく，不景気では低くなりやすいという景気による影響を取り除いたうえでの業績の回復のことである[6)]。後者について大柳(2003, 2004)は，健全度の向上という観点からみると，ターンアラウンド戦略と成長戦略は似通ったものであるとしつつも，それぞれの戦略は当該企業の立ち位置が大きく異なるため，本質的に別のものであると指摘している[7)]。ターンアラウンド戦略では当該企業は倒産の可能性が高い状態に置かれている。そのため，ここではそのような状態からの脱出が主な目的となる。一方，成長戦略では当該企業は倒産の可能性が低い状態に置かれている。そのため，ここでは当該企業の収益性・成長性を向上させることが主な目的となる[8)]。このような理由により，大柳はターンアラウンド戦略と成長戦略は明確に区分することができると指摘している。次項では，本章で用いるターンアラウンド戦略のフレームワークについてみていく。

2.3　ターンアラウンド戦略のフレームワーク

本項では，縮小戦略と復帰戦略およびSlatter & Lovett (1999=2003) の提示したターンアラウンド戦略の実行に関する７つの必須要素について確認し，そのうえで本章におけるターンアラウンド戦略のフレームワークについて述べる。大柳 (2004) や谷・榎本 (2006) によればターンアラウンド戦略は「縮小戦略 (retrenchment)」と「復帰戦略 (recovery)」の２つの戦略から構成されている[9)]。縮小戦略とは「資産削減・従業員削減などによって事業規模を縮小する戦略と定義され，現状以上の健全度の悪化を食い止めることを目的とした戦略」のことである (大柳, 2004:134)。一方，復帰戦略とは「当該企業の健全度を向上させるための戦略であると定義され，従来の健全度への復帰を目的とした戦略」のことである (大柳, 2004:134)。本章では，井上仏壇店の事業規模を考慮し，縮小戦略を「現状以上に事業規模を拡大せず，経営状況の悪化を食い止めるための戦略」とし，復帰戦略を「景気の動向に関係なく，経営状況を向上させるための戦略」と措定する。

また，Slatter & Lovett (1999=2003) は，ターンアラウンド戦略を実行するにあたり，(1) 経営危機の安定化，(2) リーダーシップ，(3) ステークホルダーの支援，(4) 戦略的フォーカス，(5) 組織改革，(6) コア・プロセスの改善，(7) 財務リストラ，という７つの必須要素を提示した[10)]。

［1．経営危機の安定化］これは，企業の再生に関して極めて大きな要因である。この活動により，企業は短期的な事業の生き残りを実現させることができ，それによってはじめて中長期的な生き残りについての活動を行うことができる。ここでの主な目標は「短期的なキャッシュの確保およびそれによる再生プランの立案と財務リストラへの合意のための時間的余裕の確保」や「業務の安定性の確保」などである (Slatter & Lovett, 1999=2003:88)[11)]。

［2．リーダーシップ］リーダーシップについては，組織内のコミュニケーションや従業員の結束などがある。前者についてはどの組織にとってもコミュニケーションは重要であるものの，ターンアラウンド状況[12)]ではその重

要性がさらに高まることを指摘している。Slatter & Lovett (1999=2003) は「誰に，何を，どこで，どのように伝えるべきかを早急に決める必要がある」とし，組織内の資源を利用するならば，すぐに信頼回復へ向けた努力をしなければならないと述べている (Slatter & Lovett, 1999=2003:92) [13]。また，後者については，初期段階では従業員を動機づけ，結束させることが必要であると指摘している[14]。

［3．ステークホルダーの支援］これは，企業は各ステークホルダーに対し，オープンなコミュニケーションを行い，信頼できる情報を提供することでステークホルダーの信頼を回復させるということである。このように，企業は各ステークホルダーと調整し，自社の現状をしっかりと認識してもらうことで課題の解決に協力してもらえるようにしていく必要がある[15]。

［4．戦略的フォーカス］これは，企業には「明確な方向性に裏づけられた確固たる戦略，採算性の見込みに基づく長期的なゴールと，それを達成するための具体的な計画，他社を圧倒する競争優位」が必要であるというものである (Slatter & Lovett, 1999=2003:94)。またSlatter & Lovett (1999=2003) は，戦略分析は100%確実な分析を行ってビジネスチャンスを失うよりも80%程度の確実性があれば行動に移すほうが成功の可能性が高いことを指摘している[16]。

［5．組織改革］これには，人材に関する問題がある。不振企業は有能な従業員の離職や，従業員同士の協働の減少などの問題に対処するために，大胆な組織改革を必要とする[17]。そして，組織改革のなかでも，企業が不振から抜け出すには組織構造を新しくすることが大切なポイントになる。ここで重要なのは「組織構造の改革は再生の初期段階では最小限にとどめたほうがよい」ということである (Slatter & Lovett, 1999=2003:99)。

［6．コア・プロセスの改善］ターンアラウンド状況では，企業は迅速かつ大雑把にプロセスを改善することが必要になる。ここでのアプローチは，コア・プロセスに絞ったものであり，主に時間，コスト，品質面において素早く改善することが重要になる[18]。

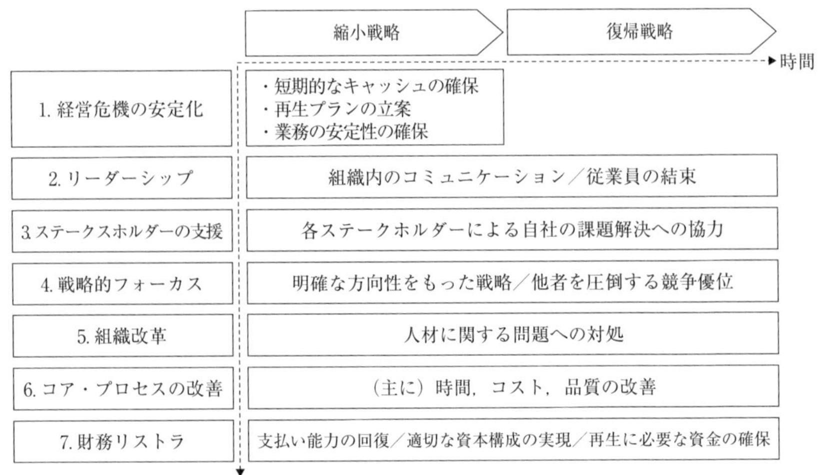

図5.1　ターンアラウンド戦略のフレームワーク

※谷・榎本（2006:4），図表2を一部改変[19]。

［7．財務リストラ］ここでの企業の目的は，キャッシュフローと貸借対照表の両方を対象に支払い能力の回復を図り，予測される営業キャッシュフローをもとに適切な資本構成を実現させ，再生のために必要な資金を確保することにある[20]。

谷・榎本(2006)はこれらの内容を踏まえ，ターンアラウンド戦略のフレームワークを提示した。このフレームワークは大きく縮小戦略から復帰戦略という流れを表す横軸(時間軸)とSlatter & Lovett(1999=2003)の提示した7つの必須要素を表す縦軸から構成されている[21]。これにより，当該企業の縮小戦略と復帰戦略について7つの必須要素を踏まえた形での分析が可能になる。

ただし，本章では企業の経営再建を実現させるためのターンアラウンド戦略の有効性の分析および考察に焦点を当てているため，当該企業の復帰戦略についてより詳細にみていく必要がある。谷・榎本(2006)は企業の復帰戦略を検討する場合，アンゾフの成長戦略の成長ベクトルが適用できることを指摘している[22]。そのため,次項ではアンゾフの成長ベクトルについて概観する。

2.4　アンゾフの成長ベクトル

アンゾフによれば，成長ベクトルとは「現在の製品—市場分野との関連において，企業がどんな方向に進んでいるかを示すもの」である（Ansoff, 1965=1969:136）[23]。アンゾフは成長ベクトルを製品と市場の組み合わせにより (1) 市場浸透（market penetration），(2) 市場開発（market development），(3) 製品開発（product development），(4) 多角化（diversification），の４つの戦略に分類した。

表5.1　アンゾフの成長ベクトル

	既存製品	新製品
既存市場	市場浸透 （market penetration）	製品開発 （product development）
新市場	市場開発 （market development）	多角化 （diversification）

※ Ansoff（1965=1969:137）[24]。

(1) は既存の顧客層に，自社の既存製品をより多く販売する戦略である。(2) は，自社の既存製品をこれまでとは異なる地域や顧客層に販売する戦略である。(3) は既存の顧客層に，これまでの自社の製品とは異なる新しい製品を導入する戦略である。(4) は新製品をこれまでとは異なる新しい顧客層へ導入する戦略である[25]。本章では，当該企業の復帰戦略を検討する際にこのアンゾフの成長ベクトルを用いて詳細に分析し，考察する。

3.　事例概要

本節では，まず本章で井上仏壇店を取り上げる理由および同店の概要について述べる。

3.1　事例選択理由

最初に，本章で彦根仏壇産地および井上仏壇店を取り上げる理由について確認する。彦根仏壇は350年以上の歴史を持ち，その伝統的な技術および品質は高く評価され，1975年には，仏壇業界ではじめて通商産業大臣指定伝統的工芸品に認定された（彦根市役所，2012）[26]。このように彦根仏壇産地はわが国の仏壇産業において重要であると認められているものの，近年では核家族化などのライフスタイルの変化や海外製の安価な仏壇の台頭などの要因により，産地としては厳しい状況にある[27]。

そのような彦根仏壇産地にあって，本研究の調査対象である井上仏壇店は次々と仏壇の製造技術をいかした新たな活動を行っている。同店は新たな活動を行うことで，既存事業を中心とした事業全体の業績を大幅に向上させている点にその特徴がみられる。

これらの内容から彦根仏壇産地および井上仏壇店は（1）当該産業における一定の評価と高い技術的ポテンシャル，（2）産地の厳しい状況，（3）既存事業の技術を応用した新たな事業を行うことによるターンアラウンドの実現，といった本章の事例選択の基準に適合しているといえる。

3.2　井上仏壇店と錺金具師

ここでは，本研究の調査対象である井上仏壇店のあゆみについて確認しつつ，創業時の同店と関わりの深い錺金具師という職種について概観する。そのうえで，同店の組織形態や活動内容についてみていく。

井上仏壇店は1901年に初代井上久次郎が仏壇職人（錺金具師）として彦根市沼波町で独立創業したのがそのはじまりである。その後，1918年に現在の彦根市芹中町へと移転した。1920年頃には仏壇の製造を行うようになり，1948年に本格的に仏壇の製造および販売事業を開始した。1991年からは現在の代表である井上昌一が事業を継承し，仏壇の製造技術をいかしたさまざまな活動を行っている。次に，錺金具師という職種について概観[28]する。

一般的に錺金具師とは，錺師や錺屋などともよばれ，仏壇以外にも神輿などの金具を作る職人のことを指す。錺金具師は，中世の銅細工や銀細工の技法を受けたものであり，鋳物や鍛冶が行うような鎚金（打ち物）や彫金，鍍金（メッキ）とは異なる専門的な金属加工を行う。錺金具に用いられる主な材料は銅板であり，作業はおおむね①型どり，②型はき（銅板に型を写すこと），③地取り（切り取り），④加工（彫り物，打ち物），⑤表面加工（金箔押し，水銀メッキなど）の順で進められる。錺金具師が行うものには，細かい手作業のものが多く，１つの製品を完成させるには多くの時間がかかる。そのため，一人前の職人になるには10年ほどの年月を必要とする。次に，井上仏壇店の組織形態や活動についてみていく。

まず，井上仏壇店の組織形態について確認する。図5.2で示しているように，井上仏壇店全体としては，大きく彦根仏壇の製造を行う個人事業者としての井上仏壇店と広報活動や製品開発・販売活動を行う㈱井上から構成されている。そのため，ここでは前者を「井上仏壇店（個人事業者）」，後者を「㈱井上」とし，調査対象全体を指すときは「井上仏壇店」とする。次に，井上仏壇店の活動について確認する。井上仏壇店（個人事業者）は，主に彦根仏壇の製

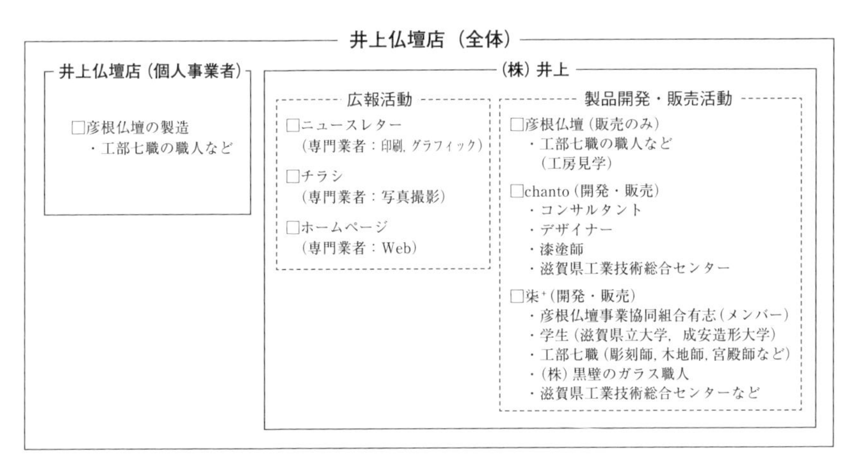

図5.2　井上仏壇店の組織形態と活動内容[29]

※当該図は，井上仏壇店への聞き取りをもとに筆者が作成。

造を行っている。この活動については，従来から付き合いのある工部七職の職人との関係性が形成されている。一方，㈱井上の主な活動としては，広報活動や製品開発・販売活動がある。広報活動は，ニュースレターやチラシの作製・配布，ホームページの作成といったものがある。また，それぞれの活動には，専門業者とのつながりがあり，ニュースレターは印刷やグラフィック，チラシは写真撮影，ホームページはWeb関係といったアクターなどとの関係性を構築している。製品開発・販売活動は，伝統的工芸品である彦根仏壇を中心とした活動や，井上仏壇店のオリジナルブランドである「chanto」，彦根仏壇事業協同組合青年部有志が結成し，開始した「柒+」プロジェクトといった活動がある。「chanto」ブランドについては，誕生のきっかけとなったコンサルタントや，実際に製品開発に関わったデザイナー，漆塗師のほか，さまざまなサポートを提供した滋賀県工業技術総合センターとのつながりが形成されている。「柒+」プロジェクトについては，メンバーである彦根仏壇事業協同組合有志，製品のデザインを提案した学生，そして学生たちの指導員である工部七職の職人や㈱黒壁のガラス職人，さらに「chanto」と同様，サポート提供者として滋賀県工業技術総合センターなどとのつながりが形成されている。

4. 事例分析

本節では，第2節で取り上げたターンアラウンド戦略のフレームワークおよびアンゾフの成長ベクトルを用いて井上仏壇店の活動について分析する。なお，図5.3は，谷・榎本(2006)のターンアラウンド戦略のフレームワークを用いて井上仏壇店の活動をとらえたものである。

4.1 縮小戦略

最初に，井上仏壇店の縮小戦略についてみていく。同店の縮小戦略期にお

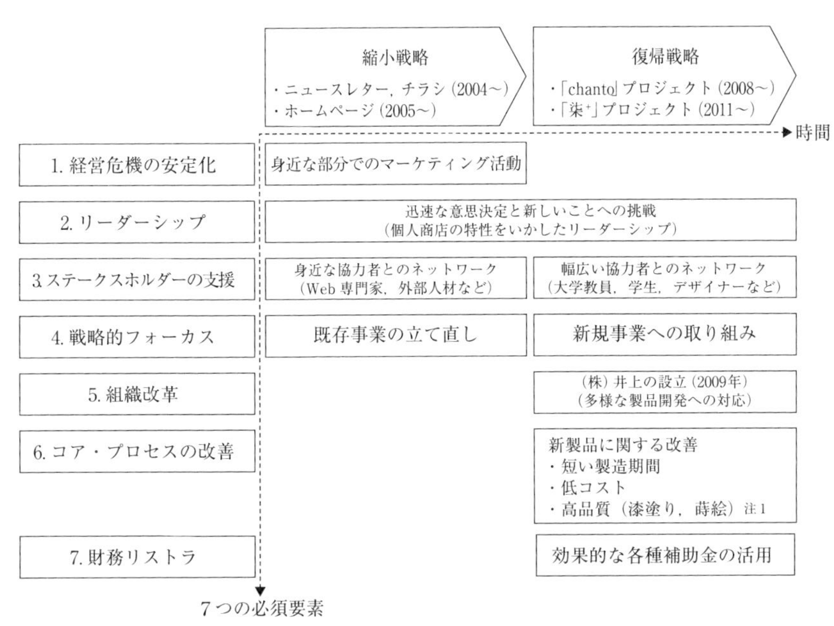

図5.3　井上仏壇店のターンアラウンド戦略

注1）同店の既存事業における製品と比較した場合。
※谷・榎本（2006:4），図表2にもとづいて筆者が作成。

ける主な活動はニュースレターやチラシの作製（2004年），ホームページの作成（2005年）などであった。井上仏壇店は2003年からポスティングなどの活動をはじめていたが，景気の後退，ライフスタイルの変化などによる需要の減少，海外製の安価な仏壇の台頭といった外的環境の変化などに対応するため，これらの活動をはじめることになり，本格的に縮小戦略を行うようになる。最初にニュースレターについてみていく。この活動について，最初は年賀状を既存顧客に送る程度の活動であったがその後，「安らぎだより」というニュースレターを作製し，配布するようになる。井上仏壇店はこのニュースレターについて，主に以下の2点に注意しながら作製している。それらは(1)一般の人にも伝わりやすい文章，(2)「お客様の喜びの声」の掲載，である。

(1) は，仏壇業界自体が特殊な業界であるため，顧客に内容をわかりやすく伝えるために文章はすべて自らの店で書いているということである。ただし，印刷や専門的なグラフィックについては外注している。(2) は顧客に安心してもらい，信用度を高めるには実際に購入した人の声を掲載することがよいという考えにもとづくものである。次にチラシについてみていく。

井上仏壇店はニュースレターと同時期にチラシの作製にも取り組みはじめている。同店はチラシを作製するにあたり，まず店内にある仏壇の写真撮影を行うことからはじめた[30]。チラシの内容は，当初「自らの店の仏壇を売る」ことに主眼を置いていた。具体的には期間限定セールのような内容を盛り込んで作製したものであり，即効性はあったものの，その効果は長く続かなかった。そのため，2008年からチラシの内容を従来の販売だけでなく，職人の工房見学も含めたものに変更した。しかしながら，これも結果として成果を収めることはできず，職人の工房見学や仏壇の選び方の講習会といった仏壇を知ってもらったり，興味を抱いてもらうことに主眼を置いたものを作製しはじめるようになる[31]。井上仏壇店は講習会を行うにあたり，参加者により仏壇のことを理解してもらおうと『失敗しない仏壇選び』という小冊子を作成し，配布するようになった。この小冊子は仏壇を購入する側の目線に立って作られたものであり，現在に至るまで何度も加筆・修正されているため，参加者にとって仏壇を購入する際の教科書的な役割を果たしている[32]。このようにして，井上仏壇店は継続してチラシの改善活動を行い，その効果を高めていった。

最後にホームページの作成についてみていく。井上仏壇店が自分たちの店のホームページを作成しようと思い立った理由はより多くの人に仏壇のことを知ってもらい，来店のきっかけになれば，という思いを抱いたためである。その方針は今も変わらないため，現在においても同店のホームページはネットショップのテイストを前面に出したものではなく，仏壇を知ってもらうことに主眼が置かれている。同店がホームページを作成しても２年ほどは思うようにいかなかったが，Webの専門家に相談し，職人を前面に出して，仏壇製作の舞台裏を「魅せる」現在のホームページのスタイルにすることで，仏壇の販売数を増やしていった[33)]。次項では井上仏壇店の復帰戦略について具体的にみていく。

4.2 復帰戦略

次に，井上仏壇店の復帰戦略についてみていく。同店の復帰戦略期における主な活動には「chanto」プロジェクト(2008年〜),「柒+」プロジェクト(2011年〜)[34)]がある。そのため，ここではこれらの活動について具体的にみていく。

4.2.1 「chanto」プロジェクト

「chanto」プロジェクト開始のきっかけは，2008年の夏ごろにコンサルタント業を営むK氏が彦根商工会議所にセミナー講師として来たことにはじまる。その時に，K氏と井上は仏壇の製造技術をいかした製品開発について話し合う機会があり，それが後の「chanto」ブランドへとつながることになる。K氏は井上にニューヨーク国際現代家具見本市への出展オファーを出し，井上はこの申し出を受けることになった。見本市まで残された時間は少なかったものの，井上は彦根仏壇の製造技術をいかした花器や照明具など17点を製作し，出展した。ここでの評価は高いものであったが，井上は「一般受けするような製品ではない」という課題点もみつけ，製品の改善活動に取り組むことになる。また，この時に井上は，後に「chanto」プロジェクトに参加するデザイナーのS氏と出会っている。

その後，S氏を含めたプロジェクトチームは，「仏壇の漆塗りの技術を応用したカフェ用品」という製品コンセプトを見出し，具体的な製品開発に着手する。漆塗りの技術を用いたのは「漆器産地でもだせないような鮮やかな色漆」を活用するためである。また，一般の人に広く使ってもらえるようにとカフェ用品に対象を絞った。

このようにしてできた試作品は「chanto」と名づけられデザインイベントである「TOKYO DESIGNERS WEEK(2010年10〜11月)」へ出展した。そこでの評価を受け，その後はイタリアのミラノで開催される「MEET MY PROJECT (2011年４月)」へ出展し，2011年８月に「chanto」として正式販売を開始した[35]。

4.2.2 「柒⁺」プロジェクト

「柒⁺」プロジェクト開始のきっかけは，滋賀県中小企業団体中央会の「ものづくり感性価値向上支援プロジェクト」に井上を含む彦根仏壇事業協同組合青年部有志が参加したことにはじまる。このプロジェクトでは，新しい祈りや仏壇のあり方について，さまざまな分野の専門家から話を聞いたり，勉強会が開催されていた。その後，プロジェクト参加者のなかから「新しい祈りのかたち」というコンセプトに共感したメンバーにより「柒⁺」が結成された。メンバーが最初に参加したのがインテックス大阪で開催された「LIVING & DESIGN展」(2011年９月)である。メンバーはここで行ったアンケート調査により，インテリア風の仏壇に需要があることや，若い世代にも市場機会があることを知るようになる。その後，メンバーはさらなる製品開発を進めるため，大学生のインターンシップを受け入れ，デザイン案を募ることになる。ここでの指導員は，大学教員や彦根仏壇の職人，㈱黒壁のガラス職人が担当した。その後，最終試作品として12点が発表され，井上仏壇店からは「HAND BOOK」，「SQUARE」，「HOUSE」が発表された。これらの作品は東京ビッグサイトで開催された「IFFT (interior life style living 展」(2012年10月) に出展された。この時期，メンバーは活動を行っていくなかで，従来の仏壇を購入する年配層にも需要があることを知るようになる。その後，メンバーは2013年３月に東京の上野と青山で展示販売会を行い，以降は展示販売会を中心とした「直販」をメインに活動している[36]。

4.3 ターンアラウンド戦略における７つの必須要素

ここでは，井上仏壇店のターンアラウンド戦略について，Slatter & Lovett (1999=2003) の提示した７つの必須要素の観点からみていく。

［1．経営の安定化］井上仏壇店は縮小戦略期においてニュースレターやチラシの作製，ホームページの作成など身近な活動を行うことで短期的なキャッシュを確保し，後のさまざまな活動へつなげていった。

［2．リーダーシップ］井上仏壇店は商部に属しており，七職の職人集団である工部とは，彦根仏壇産地を取り巻く環境が厳しくなっているとの認識を共有していた。そのため，同店と仏壇を製造する工部（職人）とをまとめて「組織」ととらえると，井上仏壇店が状況を改善するための新たな挑戦を行うことに対する協力関係は醸成されていたと考えられる。これらの要因により，井上仏壇店は個人商店の特性をいかし，迅速な意思決定と新たなことへの挑戦を行うことが可能であった。

［3．ステークホルダーの支援］井上仏壇店は，当初，自らの店の運営に外部の人材を活用するなど，身近な協力者とのネットワークを積極的に構築していった。また，工部とは危機意識を共有していたため，互いの状況についてはある程度知っており，復帰戦略期における同店の活動に協力的であったと考えられる。

［4．戦略的フォーカス］井上仏壇店は縮小戦略期には，ニュースレターやチラシの作製，ホームページの作成などの活動を行い，既存事業を立て直すことに主眼を置いていたが，復帰戦略期には，「chanto」，「柒$^{+}$」など，既存事業以外にも仏壇の製造技術をいかした新製品の開発に主眼を置くようになっていった。

［5．組織改革］井上仏壇店は，縮小戦略期には特に大きな組織変革を行っていないが，復帰戦略期には㈱井上を設立することで，仏壇の製造技術をいかした新製品に関わる活動に対応できる体制を整えている。

［6．コア・プロセスの改善］井上仏壇店は縮小戦略期には特に大きな改善活動は行っていない。復帰戦略期に入り，同店はカフェ用品を扱う「chanto」，新しい祈りのかたちとしての「柒$^{+}$」といった新たな試みにより，時間，コスト，品質面での改善を実現させている。そのため，ここではそれらの改善点について確認する。まず，これらの試みにおける製品は従来の彦

根仏壇よりも小型であることから時間やコストが改善されている。そして，品質面においても「chanto」や「柒⁺」は漆塗りの技術の応用で鮮やかな色を開発し，活用しているため，新しい漆塗りの価値を提供している。

［7．財務リストラ］一般的に，仏壇業界では問屋（彦根仏壇産地では商部と呼ばれることが多いため，以下商部）が職人に製品を発注する際，締め払いで月末に支払うことが多い。そのため，商部としては製品が売れる前に自らが代金の立て替えをしなければならず，必然的に回転率は悪くなる。井上仏壇店についても商部に属しているため，キャッシュフローは良い状態ではないが，各種補助金を効果的に活用することで活動にともなうリスクを減少させている。最後に，同店の復帰戦略についてアンゾフの成長ベクトルを用いて分析する。

4.4　アンゾフの成長ベクトルからみた井上仏壇店の復帰戦略

まず，本章におけるアンゾフの成長ベクトルの軸についての区分を確認する。アンゾフの成長ベクトルは「市場」と「製品」の２軸で構成されている。ここでは，井上仏壇店の復帰戦略の方向性を成長ベクトルで分析するにあたり，「市場」を大きく「購入者の年齢層」，「製品」を「従来の仏壇かそれ以外の製品」という基準でそれぞれ区分した。最初に，それぞれの軸の区分について確認する。

「購入者の年齢層」は，現市場を年配者を中心とした層とし，新市場を若者を中心とした層に分類した[37]。そして，「従来の仏壇かそれ以外の製品」については，現製品を「従来から販売している仏壇」とし，新製品を「従来の仏壇とは異なるインテリア性の高い現代風仏壇や，仏壇とは異なる分野の製品」と分類した。前者は，従来から販売している彦根仏壇を中心としたものであり，後者はインテリア性の高い現代風仏壇である「柒⁺」ブランドやカフェ用品シリーズである「chanto」ブランドといった製品を指している。次にアンゾフの成長ベクトルをもとに，井上仏壇店が行っているそれぞれの戦略（市場浸透戦略，製品開発戦略，多角化戦略[38]）について，製品特性を

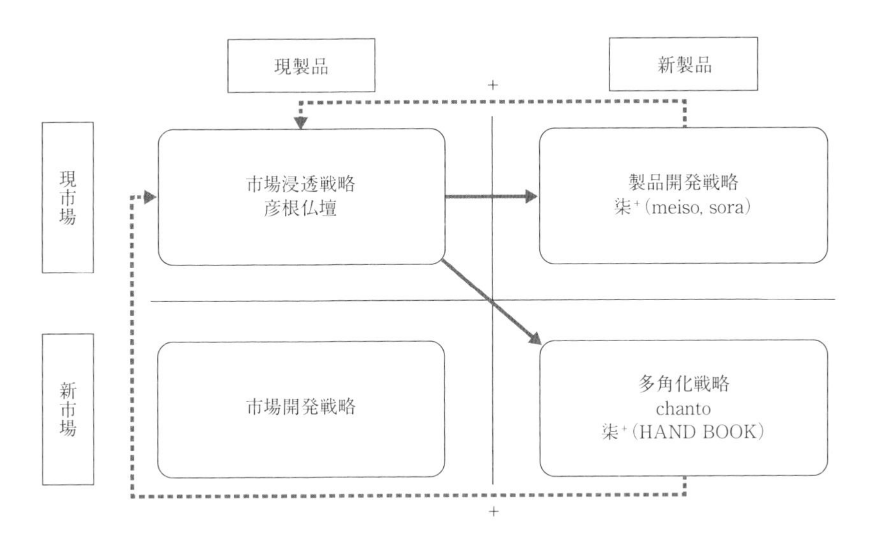

図5.4　井上仏壇店による復帰戦略の方向性

※当該図は，井上仏壇店への聞き取りをもとに筆者が作成。なお，図のスタイルについては谷・榎本(2006:19)，図表7を参考にした。

踏まえつつ検討する。

市場浸透戦略では，井上仏壇店が以前から取り扱っている彦根仏壇を中心とした伝統的な仏壇が該当する。これらの製品は，当然のことながら「現製品」であると考えられる。また，この製品はその特性上，年配者を中心とした層が購入することが多いため，「現市場」であると考えられる。製品開発戦略では「柒⁺」ブランドの「瞑想—meiso—(以下，meiso)」と「sora」が該当する。「meiso」は，製品の土台の上に，特殊な加工を施した金属が備え付けられているインテリア性の高い仏壇である。また，土台部分には黒色の漆，金属部分にはベージュ系の漆を使用している。さらに，金属加工については鋳物メーカーに外注している。これらの製品特性から，「meiso」は従来の仏壇とは異なるインテリア性の高い現代風仏壇であるため,「新製品」に該当すると考えられる。そして，この製品は従来の仏壇を購入する層を対象にしているため，「現市場」であると考えられる。「sora」は，杉の板に重層的に漆を塗り，塗装面をペーパーなどで研ぐことにより，さまざまな色の漆が姿を現しているパワーストーンをイメージして作られた製品である。この製品は「柒⁺」ブランドであるものの，仏壇ではなく石に近い形状であり，ファッション性の強いものである。そのため，この製品についても「新製品」であると考えられる。また，この製品も「meiso」と同様に，従来の仏壇を購入する層を対象にしているため，「現市場」であると考えられる。多角化戦略では「chanto」ブランド，「柒⁺」ブランドの「HAND BOOK」といった製品が該当する。「chanto」ブランドは，前述したように井上仏壇店，デザイナーのS氏，伝統工芸士の漆塗師であるN氏らによって開発されたブランドである。このブランドは，仏壇の漆塗りの技術を応用した色漆を用いたカフェ用品（抹茶茶わん，エスプレッソカップ，トレーなど）シリーズを中心としたものである。これら一連の製品の特性は，漆塗り技術の応用にある。一般的に，仏壇に用いられる漆は黒，金，朱の３色であるとされる[39]。これに対し，「chanto」ブランドで用いられる漆には顔料を混ぜた赤，ピンク，ブルーなど[40]，漆器産地でもみられない特殊な技術が用いられている[41]。同ブランドは仏壇の漆塗りの技術を応用したカフェ用品であるため，仏壇とは異なる分野の製品であり，「新製品」であると考えられる。また，ターゲット層も，従来の仏壇を購入する層ではなく，若い世代を中心に据えているため，「新市場」であると考えられる。「HAND BOOK」は大学生が考案したデザインをもとに，彦根仏壇の工部七職の職人（木地師，彫刻師，蒔絵師）らによって開発された製品である[42]。この製品のデザインの発想の由来は，「仏足石」という信仰対象である仏様の足跡を石に刻んだものである[43]。

このような発想から誕生した「HAND BOOK」は，見開き式仏具であり，左右のビバ板に仏様の掌模様を彫刻と金蒔絵で表現している[44]。また，大きさはＡ５版であるため，持ち運びができ，仏壇のない老人ホームにも設置が可能である[45]。「HAND BOOK」は「柒⁺」ブランドであり，その製品特性から前述した「meiso」，「sora」よりも仏壇に近い発想によるものであるものの，従来から販売しているような仏壇ではないため，「新製品」であると考えられる。そして，この製品は従来の仏壇にあまり関心を抱かない若い世代をターゲットの中心に据えているため，「新市場」であると考えられる。次に，井上仏壇店が開発したり開発に関わったこれらのブランド（「chanto」，「柒⁺」）の製品がどのようにして同店のターンアラウンドの実現に貢献したのかについて「メディア（新聞，雑誌，テレビ，カタログ）」，「売上高の増加（率）」といった指標を用いてみていく。最初に，「chanto」や「柒⁺」といった活動がどのようなメディアにどれだけ取り上げられたのかについて確認する。

まず，「chanto」ブランドについてみていく。同ブランドは，仏壇の製造技術（漆塗り）を応用したカフェ用品というブランド・コンセプトであるため，多くのメディアに注目されている。「chanto」ブランドを取り上げたメディアのうち，新聞については地元紙である『近江同盟新聞』や『滋賀彦根新聞』だけでなく，『京都新聞』，『中日新聞』，『朝日新聞』，『毎日新聞』などでも掲載されており，その数は20紙以上にものぼる[46]。雑誌については，『pen』や『an・an』[47]などに掲載されているほか，テレビにも「NHKニュース（滋賀）」[48]に取り上げられている。さらにカタログについても高島屋（2013年），伊勢丹（2014年）などでも採用されている。このように「chanto」ブランドは，多くの各種メディアに取り上げられることで外部からの井上仏壇店に対する注目度の上昇に大いに貢献することになった。

次に，「柒⁺」ブランドについてみていく。「柒⁺」についても「chanto」と同様に，多くのメディアに注目されているブランドである。メディアのうち，新聞については『近江同盟新聞』，『滋賀彦根新聞』をはじめ，『朝日新聞』，『毎日新聞』など20紙以上に掲載されている[49]。そのほかにも「news BIZ（テレビ大阪）」[50]，「ニュースアンカー（関西テレビ）」[51]などで紹介されている。「柒⁺」についても「chanto」と同様，各種メディアに取り上げられることで，外部からの井上仏壇店に対する注目度の上昇に貢献している。

ここまで，本章におけるアンゾフの成長ベクトルのとらえ方について確認し，井上仏壇店の既存事業と復帰戦略期における活動（「chanto」，「柒⁺」）の位置づけについて検討した。そして，復帰戦略期の活動について，新聞や雑誌，テレビやカタログといったメディアの観点から，それらの活動が同店のPRに大きく貢献していることを明らかにした。最後に，井上仏壇店の復帰戦略によって同店の業績がどのように向上し，ターンアラウンドを実現させたのかについてみていく。

まず，「chanto」，「柒⁺」自体の累計売上高はそれぞれ数百万円，十数万円規模であり，それ自体は突出したものではないものの，井上仏壇店の事業規模を考慮すると，着実に成果を上げているといえる。ただし，同店のターンアラウンドにおいて最も注目すべき点は，既存事業を中心とした事業全体の売上高の増加額（率）である。井上仏壇店は復帰戦略を行うことにより，わずか数年のうちに総売り上げを4,000万円以上も増加させ，その増加率は約161.9%にもなった[52]。これらの内容から，同店は「chanto」や「柒⁺」などの復帰戦略を行うことで，それ自体の収益を生みだしただけでなく，各種メディアに取り上げられることで同店のPRに大いに貢献し，その結果，既存事業を中心とした事業全体の売上高を大幅に増加させ，ターンアラウンドを実現させたのである。

5. 結論と今後の課題

本章では，地域の活性化に重要な役割を果たす中小企業のターンアラウンド戦略の有効性について検証した。ここで，事例として選択したのは仏壇産業において高い評価を受けている彦根仏壇産地に活動拠点を置く井上仏壇店である。同店のターンアラウンド戦略を分析するにあたり，谷・榎本（2006）の提示したフレームワークおよびアンゾフの成長ベクトルを用いた。ターンアラウンド戦略のフレームワークでは，井上仏壇店の縮小戦略，復帰戦略，７つの必須要素について検討した。そして，アンゾフの成長ベクトルでは，同店の既存事業を含めた復帰戦略期における活動（「chanto」，「柒⁺」）を対象に「どのようにして効果的なターンアラウンド戦略を実現させたのか」について分析した。その結果，井上仏壇店は，「chanto」，「柒⁺」といった製品開発戦略や多角化戦略を行うことでそれ自体から収益を生みだしたことが明らかになった。さらに，多くのメディアがそれらの活動を取り上げ，同店のPRにつながったため，既存事業を中心とした事業全体の業績が大幅に向上し，ターンアラウンドの実現に至ったのである。

これらの内容を踏まえ，本章で得られた知見について述べる。本章では，井上仏壇店の事例を通して，中小企業のターンアラウンド戦略では，アンゾフの成長ベクトルにおける製品開発戦略（「柒⁺」：meiso, sora）が有効であることを明らかにした。これについては谷・榎本（2006）[53]も同様の点を指摘しており，この点は今回の事例を通して実証されたといえる。

ただし，本章の事例からは以下の事柄が新たに明らかになった。まず，谷・榎本（2006）[54]は，中小企業がターンアラウンド戦略を行うにあたり，多角化戦略で成果を上げるのは困難であるとしているが，井上仏壇店は同様の戦略（「chanto」，「柒⁺：HAND BOOK」）で着実な成果を収めているという点である。次に，谷・榎本（2006）[55]は，中小企業の市場浸透戦略でのターンアラウンドの成功事例を得ることが今後の研究課題であるとしている。これに対して，井上仏壇店の事例では，製品開発戦略，多角化戦略を行うことで，それらの活動が多くのメディアに取り上げられた結果，同店のPRにつながり，既存事業を中心とした事業全体の大幅な業績向上を実現させた。そのため，市場浸透戦略で成果を収め，ターンアラウンドを成功させたといえるという点である。

最後に，今後の課題について述べる。本章では，井上仏壇店の事例を通して，アンゾフの成長ベクトルにおける製品開発戦略，多角化戦略が同店に対するPRにつながったため，市場浸透戦略およびターンアラウンドの成功につながったことを明らかにしたが，中小企業のターンアラウンド戦略についてアンゾフの成長ベクトルのどの戦略が効果的なターンアラウンドにつながるのかについては，対象となる産業や中小企業によって異なる可能性がある。そのため，他産業やさまざまな中小企業の事例を通して，アンゾフの成長べクトルとターンアラウンドとの関係についてのさらなる分析および考察が必要であるが，これについては今後の課題としたい。

注

1）大柳（2003:71）。

2）高井（2015:31）。

3）また，中村（2003）は企業再建におけるターンアラウンドという概念について専門的見地から３種類に分類している。それによるとターンアラウンドは「戦略的ターンアラウンド（Strategic Turnaround）」，「営業面でのターンアラウンド（Operational Turnaround）」，「財務面でのターンアラウンド（Financial Turnaround）」に分類される（中村，2003:3-4）。戦略的ターンアラウンドとは「現状の事業戦略では，事業の存続または成長に著しい障害が見込まれるため，既存事業分野の大幅なテコ入れや，新規事業分野への参入などを計画し，実行すること」である。営業面でのターンアラウンドとは「一般的に，『売上の伸長』『費用の削減』『不要資産の削減』という三つの要素で成り立ち，短期的な収益の改善を目的とする」ものである。財務面でのターンアラウンドとは「企業再建には欠かせない要素ではあるが，あくまでも本業の改善をサポートする役割」を果たすものであり，金融コストの削減や株価の対応などがその目的であるとしている（中村，2003:4）。

4）谷・榎本（2006:2）。

5）大柳（2003:72）。

6）大柳（2003:72）。この点について大柳は「真の意味でのターンアラウンドは景気変動による影響を除去した健全度の向上を目的とし，見かけ上の回復を目的としたものではない」と述べている（大柳，2003:72）。

7）大柳（2003:72，2004:128-9）。

8）大柳（2003:72，2004:129）。また，大柳は成長戦略について「従来の基盤を維持しながら，企業を成長させることも可能である」と述べている（大柳，2004:129）。

9）大柳（2004:134），谷・榎本（2006:3）。

10）Slatter & Lovett（1999=2003:84-103）。

11）また，Slatter & Lovettはそれ以外にも「新経営陣が主導権を握ったことをステークホルダーに示して信頼を回復すること」という点についても触れている

(Slatter & Lovett, 1999=2003:88)が，ここでは井上仏壇店の事業規模を考慮し，除外している。

12) ターンアラウンド状況とは「短期的に何らかの措置を取らない限り近い将来破綻することが明らかな危機的状況」のことである(Slatter & Lovett, 1999=2003:2)。

13) この点についてSlatter & Lovettは「ここでは，すべてのコミュニケーションにおいて同一のメッセージを伝えることが，特に重要である」と述べている(Slatter & Lovett, 1999=2003:92)。

14) Slatter & Lovett(1999=2003:92)。Slatter & Lovettは，このほかにも新しいCEOの任命やほかの経営陣の交代についても指摘しているが，これについては見解が分かれるとの見方を示している(Slatter & Lovett, 1999=2003:89-91)ため，ここでは取り上げていない。

15) Slatter & Lovett(1999=2003:93)。

16) Slatter & Lovett(1999=2003:95)。

17) Slatter & Lovett(1999=2003:98)。

18) Slatter & Lovett(1999=2003:100)。Slatter & Lovettは，これらの改善は次の領域に分類できるとしている。①時間面の改善：市場へ製品を送り出すまでの時間や製造におけるリードタイムの短縮により，組織の反応を素早くかつ柔軟にすること。②コスト面での改善：プロセスを単純化して固定費と変動費の両方を下げること。③品質面の改善：不合格となった理由を分析して作業のやり直しを減らし，プロセス改善のための是正措置を取ること(Slatter & Lovett, 1999=2003:101)。

19) ただし，各々の必須要素についてはSlatter & Lovett(1999=2003:84-103)の内容をもとに記述している点には注意が必要である。

20) Slatter & Lovett(1999=2003:103)。なお，Slatter & Lovettは再生手法を必要とする企業が直面している問題として次の4点を指摘している。「キャッシュフロー危機(債務返済のための資金不足)」，「過大な負債比率(過少な自己資本に対する過大な負債残高)」，「不適切な負債構成(過大な短期債務と少ない長期債務)」，「貸借対照表上の債務超過」(Slatter & Lovett, 1999=2003:102)。

21) 谷・榎本(2006)は，4つの目標についてもこのモデルに取り込んでいるが，本章ではより詳細に7つの必須要素を分析するため，ここでは取り入れていない。

22) 谷・榎本(2006:18)。ただし，谷・榎本は「ターンアラウンドの復帰戦略を検討する場合，位置する場所は成長戦略と違いターンアラウンド状況という厳しい状況であるがアンゾフの成長戦略の成長ベクトルが適用できる」としており（谷・榎本, 2006:18），当該企業の立ち位置を考慮したうえでの適応可能性について述べている点には注意が必要である。

23) なお，アンゾフの成長ベクトルにおける各戦略の名称については大杉（2015:79）に沿った形で記述した。

24) ただし，当該図の作成にあたり，大杉（2015:79）も参考にした。

25) Ansoff（1965=1969:136）。

26) 彦根市役所（2012:23）。ただし，彦根仏壇の歴史については，序章で述べたように，2018年２月25日に実施した井上昌一（井上仏壇店代表）への聞き取り（150分,「彦根仏壇の歴史について」ほか）によるものである。

27) 彦根仏壇産地の生産額は2005年には35億2,000万円だったが，2014年には28億5,000万円にまで減少している（滋賀県商工観光労働部商工政策課, 2015:82）。

28) ここでの記述は（野洲町立歴史民俗資料館, 1992:33）をもとにしている。

29) 当該表は，井上仏壇店のターンアラウンド戦略を分析するという視点からみた同店の組織形態および活動について提示したものであり，同店はほかにもさまざまな活動を行っている点には注意が必要である。

30) 当時は，大規模な仏壇店はチラシ作製などの活動を行っていたものの，井上仏壇店のような規模の店がチラシを作製することは非常に珍しいことであった（2014年６月16日，井上仏壇店代表井上昌一への聞き取り〔150分,「井上仏壇店のチラシ作製について」ほか〕による）。

31) この時期には，チラシ自体もそれまでのカラーから白黒へと変更し，逆にインパクトを出すようにしている（2014年６月16日，井上仏壇店代表井上昌一への聞き取り〔150分,「チラシのインパクトについて」ほか〕による）。

32) 具体的には漆塗りかそうでないかの見分け方や，良い金箔かそうでないかの見分け方などについて理解しやすい形で書かれている（2014年６月16日，井上仏壇店代表井上昌一への聞き取り〔150分,「『失敗しない仏壇選び』について」ほか〕による）。

33) ただし，現在では，井上仏壇店のホームページは新しいものに変更されており，その点には注意が必要である。

34) それ以外にも，「御文・御文章カバー」（2012年），「ご当地仏壇」（2013年）などの活動があり，それぞれ一定の成果を収めているが，メディアによるPR，売上高，事業全体の業績向上への貢献度といった点を考慮し，ここでは「chanto」,「柒⁺」を選択した。

35) 2014年6月16日，井上昌一（井上仏壇店代表）への聞き取り（150分，「『chanto』プロジェクトについて」ほか）による。

36) 2014年7月11日，井上昌一（井上仏壇店代表）への聞き取り（120分，「『柒⁺』プロジェクトについて」ほか）による。

37) ただし，ここでの分類は大まかなものであるため，それぞれのカテゴリーについて「中心に」という表現を用いている点には注意が必要である。

38) 谷・榎本（2006）は，中小企業における市場開発戦略を「市場開拓戦略」，多角化戦略を「事業転換戦略」としているが，本章ではそれぞれ「市場開発戦略」，「多角化戦略」と表記している。

39) 『中日新聞』2011年4月5日付。

40) 『毎日新聞』2011年4月9日付。

41) 『アイリスクラブ通信』2011年4月9日付。

42) 『京都新聞』2012年3月24日付。なお，この時点では製品名は「HAND BOOK」ではなく「かどまる」になっている点には注意が必要である。

43) 『近江同盟新聞』2012年3月24日付。

44) 『近江同盟新聞』2012年3月24日付。

45) 『京都新聞』2012年3月24日付。

46) 掲載数は2014年3月までのものであり，井上仏壇店が把握している分のものである点には注意が必要である。

47) 『pen with New Attitude』（2011年，No.292，p.82），『an・an』（2011年，No.1766，p.15）。

48) 2010年10月放送。

49) 「柒⁺」については，掲載数は2013年2月までのものであり，これについても「chanto」と同様に井上仏壇店が把握している分のものである点には注意が必要である。

50) 2012年1月放送。

51) 2012年2月放送。

52) これらの数字は，2011年4月期～2014年4月期のものである（井上仏壇店提供資料より）。

53) 谷・榎本（2006:19）。また，谷・榎本（2006）は，市場開拓戦略（本章における「市場開発戦略」）の有効性についても指摘しているが井上仏壇店の活動で該当するものがないため，今回は取り上げていない。

54) 谷・榎本（2006:19）。

55) 谷・榎本（2006:19-20）。

引用・参考文献

Ansoff, H. I., 1965, *Corporate Strategy,* McGrow-Hill (=1969, 広田寿亮訳『企業戦略論』産業能率短期大学出版部)。

大杉奉代, 2015,「成長ベクトル」井上善海・大杉奉代・森宗一著『経営戦略入門』, 中央経済社, pp.75-85。

大柳康司, 2003,「ターンアラウンド戦略の有効性」『年報 経営分析研究』第19号, 日本経営分析学会, pp.71-8。

大柳康司, 2004,「ターンアラウンド戦略の類型と効果」『専修経営学論集』(78), pp.115-62。

大柳康司, 2006,「ターンアラウンド戦略の成否——日産自動車を例に——」『専修経営学論集』(83), pp.109-45。

甲斐義信編, 2005,『ケースブック企業再生』中央経済社。

財団法人伝統的工芸品産業振興協会, 2002,「平成13年度 伝統的工芸品産地調査・診断事業報告書——彦根仏壇——」。

滋賀県商工観光労働部商工政策課, 2015,『平成27年版 滋賀県の商工業』。

Slatter & Lovett, 1999, *Corporate Turnaround* (=2003, ターンアラウンド・マネジメント・リミテッド訳『ターンアラウンド・マネジメント 企業再生の理論と実務』ダイヤモンド社)。

高井透, 2015,「産業集積とコア事業転換」『地域デザイン』地域デザイン学会誌, No.5, pp.31-50。

谷行治・榎本悟, 2006,「中小企業におけるターンアラウンド戦略～V字回復に向けて～」岡山大学経済学会雑誌38 (2) ,pp.1-21。

中村勝直監修, 1962,『彦根市史 中冊』彦根市役所。

中村勝直監修, 1964,『彦根市史 下冊』彦根市役所。

中村裕昭, 2003,『ターンアラウンド・スペシャリスト』金融財政事情研究会。

彦根史談会編, 2002,『城下町彦根——街道と町並——』サンライズ出版。

彦根市役所, 2012,『風格と魅力ある都市 彦根』〔彦根市勢要覧〕。

日夏嘉寿雄, 1996,「企業業績の衰退・再建過程と経営者」『帝塚山大学経済学』第5巻, 帝塚山大学経済学会, pp.87-117。

日夏嘉寿雄・今口忠政編著, 2000,『京都企業の光と陰——成長・衰退のメカニズムと再建化への展望——』思文閣出版。

野洲町立歴史民俗資料館, 1992,『平成四年度春季企画展——職人と道具——』。

終章

本研究のまとめと課題

1. 各章のまとめ

ここでは，各章の内容のまとめを行う。

1.1 第1章のまとめ

第1章「彦根仏壇産地の特性と活動」では，彦根仏壇の製造・販売工程と産地における活動について概観した。彦根仏壇産地は，滋賀県彦根市を中心としたエリアであり，そこで製造される仏壇は「彦根仏壇」とよばれている。彦根仏壇は，その高い技術や品質が認められ，1975年にわが国の仏壇業界ではじめて通商産業大臣指定伝統的工芸品に認定された。しかしながら，近年ではライフスタイルや価値観の変化などによる需要の減少，海外製の安価な仏壇の台頭などにより，産地は厳しい状況にある。このような厳しい状況を打破するため，彦根仏壇産地ではさまざまな活動が行われている。

そこで本章では彦根仏壇の製造・販売工程について確認したうえで，彦根仏壇産地で行われている活動について具体的にみてきた。

彦根仏壇の製造・販売工程については，全体の流れおよび各製造工程（木地，宮殿，彫刻，塗装〔漆塗り〕，錺金具，金箔押し，蒔絵，組立〔仏壇店・問屋〕）について確認した。

そして彦根仏壇産地で行われている活動については，大きく(1)創作仏壇に関する活動，(2)研究会・イベント関連の活動に分類し，概観した。(1)では，ジャガーグリーンの仏壇，電動昇降式仏壇，ユニット家具形式・漆塗り扉の壁面収納家具，「柒+」についてみてきた。ジャガーグリーンの仏壇とは伝統工芸品としての基準を満たしながらも，現代に合う仏壇をつくるというコンセプトのもとに製造された製品である。この仏壇は洋家具のような四本脚のスタイルであるため，イスに座って手を合わすことができることや，ジャガーグリーン色の漆を用いている点にその特徴がある。電動昇降式仏壇は，彦根仏壇産地に活動拠点を置く仏壇店と京都の大学との産学連携事業で開発されたものである。この仏壇は，洋風住宅にもフィットするようなデザインに特徴がみられる製品である。そのほかにも，現代住宅のリビングに仏壇を置くスペースを作るデザインを検討するところから開発がはじまったユニット家具形式・漆塗り扉の壁面収納家具といった製品や，「新しい祈りのかたち」をコンセプトに，さまざまな創作仏壇の開発・販売活動を行っている「柒+」というグループについてもみてきた。

(2)では，虹の匠研究会，彦根仏壇展・工芸技術コンクール，七曲がりフェスタ，そしてその他の活動についてみてきた。虹の匠研究会は，1997年に彦根仏壇事業協同組合，滋賀県工業技術総合センター，滋賀県立大学，デザイナーにより結成された組織である。この研究会では，仏壇業界の現状や彦根仏壇のプロモーション方法などを議論し，構想を練るなどの活動が行われていた。彦根仏壇展と工芸技術コンクールは，彦根仏壇産地における定例イベントである。前者は彦根市内のショッピングセンターを会場に行われているイベントであり，彦根仏壇の市場開拓を目的にしている。後者は，仏壇技術の継承と若手育成のためのイベントであり，彦根仏壇事業協同組合の組合員の作品を募集し，審査および優秀作品の表彰が行われている。七曲がりフェスタは，彦根城下町の南西部に位置する七曲がり地域を会場に，一般の人々の集客を目的としたイベントである。このイベントは2012年から本開催され，展示・ワークショップ，実演・体験などの催しが行われている。そのほかにも，彦根仏壇産地では，「全国伝統的工芸品仏壇仏具展」(2003年開催)，文化財・寺社仏閣・海外市場調査，高級甲冑の製造，曳山ミニチュア製作などの活動が行われていることについても述べた。

最後に今後の課題として，彦根仏壇産地には，独自に高度な仏壇の製造技術をいかした活動を行っているアクターが存在しているため，産地全体の現状をおさえつつ，そのようなアクターの活動にも目を向ける必要があるとの指摘を行った。

1.2　第２章のまとめ

第２章「井上仏壇店の組織概要と活動」では，主に本研究の調査対象である井上仏壇店の組織概要や同店がこれまで行ってきたさまざまな活動について概観した。井上仏壇店の組織概要については，最初に同店の沿革について確認し，その組織形態や近年における位置づけについてみてきた。井上仏壇店は1901年に初代井上久次郎が，仏壇の錺金具職人として独立創業したのがそのはじまりである。その後，1920年ごろから仏壇の製造を開始し，1948年から本格的に仏壇の製造・販売を行うようになる。そして，1991年からは井上昌一が事業を継承し，現在に至っている。次に，井上仏壇店の組織形態について，同店は1901年に創業した個人事業者としての井上仏壇店と2009年に設立した㈱井上により構成されている。前者は主に彦根仏壇の製造を行っている。これに対し，後者は，主に広報活動（ニュースレターやチラシの作製・配布，ホームページの作成など）や製品開発・販売活動を中心に行っており，分業化を行えるような組織形態になっている。本章ではこれら２つの組織をまとめて「井上仏壇店」とした。そして，同店はこれまでに数多くの賞を受賞していることに加え，2016年には経済産業省「はばたく中小企業・小規模事業者300社」に選定されるなど，現在においても高い評価を受けていることについて確認した。

次に，井上仏壇店の活動については，大きく⑴製品開発活動，⑵社会貢献およびその他の活動に分類し，それぞれについて概観した。⑴について，井上仏壇店は彦根仏壇をはじめとした従来の伝統的な仏壇のほかにも，さまざまな製品開発活動を行っている。そのような点を踏まえ，ここでは主に「仏壇・仏具に関する活動」，「それ以外の活動」に分類し，具体的にみてきた。前者では，彦根仏壇事業協同組合青年部有志で結成された創作仏壇を開発・販売するグループである「柒⁺」，シックハウス症候群に対応した「栄光（eco）仏壇」，顧客の要望に応えたオーダーメイド型の仏壇である「ご当地仏壇」，金箔の代わりに金紙を用いた傷のつきにくい仏壇である「金紙仏壇」，組織物業の会社とコラボレーションして開発した「御文・御文章カバー」といった製品についてみてきた。また，後者では，「chanto」の前身ブランドである「Black & Gold Collection」，彦根仏壇の漆塗りの技術を応用したカフェ用品シリーズである「chanto」，冷酒カップ，ビアカップ，焼酎カップなどの製品を開発し，参加している「Mother Lake」，滋賀県内の酒造業者とコラボレーションし，「Mother Lake Products」用に開発した冷酒用のぐい飲み，井上仏壇店の新ブランドである「INOUE」といった製品についてみてきた。

(2)では，井上が京都伝統工芸大学校に企画を持ち込むことで実現した彦根仏壇・伝統工芸インターンシップ，地元の子供たちに地場産業への理解を深めてほしいという思いからはじまった絵本プロジェクト，まちの活性化を目的とした三軒茶屋プロジェクト，金箔押し体験などが行われる他県の公立中学校の研修受け入れ，彦根仏壇の伝統技術のアピールや地場産業を活性化しようという思いからはじめた井伊直弼の駕籠プロジェクト，一般の人々にも仏壇を知ってもらおうという思いを込めて行っている仏壇の選び方講習会・工房見学会などの活動についてみてきた。これらの活動は井上仏壇店が単独で行ったものではなく，「地域をよりよくしよう」という思いを抱いたメンバーとともに行ってきたものである。

このように，本章では井上仏壇店の沿革や現在の組織形態，近年における位置づけについて確認したうえで，同店の行っているさまざまな活動（製品開発に関する活動，社会貢献およびその他の活動）について概観した。

1.3 第３章のまとめ

第３章「地域プロデューサーとしての井上仏壇店の製品開発戦略」では，地域価値を生み出すアクターに注目し，製品開発活動との関係性について分析し，考察した。ここでは，井上仏壇店の製品開発活動がどのようにして彦根仏壇産地における地域価値の発現につながっているのか（またはつながりつつあるのか）について明らかにすることを目的とした。

本章では，地域価値の発現プロセスを分析し，考察する際に参考になる原田(2015)の提示した「深表統合モザイクゾーン」を用いた。同モデルは，地域デザイン学会の主要な理論フレームである「ZTCA(Zone-Topos-Constellation-Actors Network)デザインモデル」のZ(ゾーン)の部分をさらに精緻化したものである。そのため，まず地域デザイン学会の主要理論をレビューし，そのうえで深表統合モザイクゾーンの概要とここでのとらえかたについて確認した。地域デザイン学会の主要理論には，トライアングルモデル(triangle model)，ZCT(zone, constellation, topos)デザインモデル，ZTCAデザインモデルがあり，ここではそれらのモデルについて歴史的な流れに沿ってみてきた。

トライアングルモデルは，「地域デザインの出発点」として位置づけられているものである(髙橋, 2016:118)。このモデルは「ゾーンデザイン(zone design)」，「エピソードメイク(episode make)」，「アクターズネットワーク(actors network)」の３つの要素から構成されており，これらの要素によって有機的に相互にシナジー効果を発揮することで地域ブランドの価値向上につながるというものである。

ZCTデザインモデルは，トライアングルモデルにおけるプレイヤーの役割分担や両者のコラボレーションの促進といった課題に対応すべく誕生したものである。「プレイヤーの役割分担」とは，トライアングルモデルにおいて地域外に本拠を構える「ビッグビジネス」が担当すべき領域(ゾーンデザイン，エピソードメイク)のものと，地域のプレイヤーが担当すべき領域(アクターズネットワーク)とが分別されていることである。また，「プレイヤーのコラボレーションの促進」とは，両者間の共振関係と共進関係の構築を指している。

ZTCAデザインモデルはZCTデザインモデルが進化したものである。同モデルはZCTデザインモデルの構成要素に「アクターズネットワークデザイン(actors network design)」を加えることで誕生したモデルである。このアクターズネットワークデザインは，トライアングルモデルにおいて「アクターズネットワーク」として存在していたものである。しかし，ZCTデザインモデルでは，ゾーンデザイン，コンステレーションデザイン，トポスデザインとは異なり，デザイン行為の主体に関わる要素であるため，組み込まれることはなかった。その後，アクターズネットワークの地域価値に対する影響度の高さから，ZTCAデザインモデルでは再び組み込まれることになった。ZTCAデザインモデルは「未来に開かれた拡張指向のある理論」であるとされ，同モデルの構成要素については，さまざまな議論がなされている。

本章では，地域デザイン学会におけるこれらの主要理論をレビューしたうえで，ここでの分析枠組みである「深表統合モザイクゾーン」の概要およびとらえ方について確認した。この分析枠組みは，対象となるゾーンに地理軸と歴史軸の２軸からコンテンツとしての文化を浮かび上がらせ，コンテンツとしての文化からコンテクストとしての文化へのプロセス，すなわちコンテクスト転換を明らかにすることで，地域価値との関係性について分析するものである。本章では，このコンテクスト転換を行うアクターを地域プロデューサーとし，その役割について分析し，考察した。

事例分析を行うにあたり，まず彦根仏壇産地におけるコンテンツとしての文化を製品開発の観点から地理軸・歴史軸の２軸からとらえた。それによると，彦根仏壇産地は本業（仏壇産業）に関わる製品開発（平成初期）を行っていることと，本業の技術をいかした異分野の製品開発（江戸時代・昭和初期）を行っていることが明らかになった。そして，井上仏壇店はその両方の活動（「chanto」プロジェクト，「柒⁺」プロジェクト）を行うことで，自身の経営業績を回復させているため，ここでは同店を地域プロデューサーとし，その製品開発活動についてコンテンツとしての文化の活用と地域価値の発現という側面から考察した。

前者について，井上仏壇店の製品開発活動についてみてみると，「chanto」は江戸時代（塗師，武具師，細工人から仏壇屋への転身），昭和初期（仏壇業から下駄の製造）といったコンテンツとしての文化を活用していることが明らかになった。また，「柒⁺」は，平成初期（仏壇から創作仏壇の開発）といったコンテンツとしての文化を活用していることが明らかになった。また，後者については次の内容が明らかになった。井上仏壇店は2008年に「chanto」プロジェクトを開始し，多くのメディアに注目されることで，自身の事業全体の業績を回復させた。これにより (1) 彦根仏壇産地に対して「一中小企業の『小さな成功』」という認識を広めたといえる。そして，そのことが (2)「柒⁺」プロジェクトの誕生・継続につながる１つのきっかけになった可能性があるということ。さらに，(3) 同店の「chanto」プロジェクトが産地内のほかのアクターに「個別に行う製品開発のビジネス面での可能性」を提示した可能性があることについて述べた。

本章では，このように地域プロデューサーとしての井上仏壇店の製品開発活動と彦根仏壇産地における地域価値の発現との関係性についてみてきたが，産地内にはほかにも高度な技術を保有しているアクターが数多く存在しているため，今後はそれらのアクターの活動も含めたより包括的な視点からの分析，考察が必要であるとの指摘を行った。

1.4　第４章のまとめ

第４章「井上仏壇店の製品開発イノベーション (innovation)」では，井上仏壇店を地域企業とし，同店の経営再建を実現させるための効果的な仏壇の製造技術をいかした製品開発活動について明らかにすることを目的とした。本章では，井上仏壇店の経営再建をみていくにあたり，組織のライフサイクルに関する先行研究をレビューし，日夏 (1996) の提示した「成熟企業の再建過程モデル」を用いた。このモデルにより，企業の衰退現象を時系列的にとらえることができ，その再建過程に必要とされる個々のイノベーションについても確認することができる。ただし，このモデルでは，対象となる個々のイノベーションについてより詳細に把握することが難しいため，ここではその課題をクリアする際に有効な指針となるアバナシー＝クラーク (Abernathy and Clark, 1985) の「四象限モデル」を補完的に用いた。

まず，本章で日夏のモデルを用いるにあたり，組織のライフサイクルに関する先行研究をレビューした。一般的に，組織のライフサイクルは成長，衰退，再成長という過程をたどるため，ここではそれぞれのプロセスについてみてきた。組織の成長とは「長期的な規模の拡大傾向」であるとされる（今口，1993:11）。この段階では共通の目標を設定し，その目標達成のための戦略を策定し，効果的に実行するというプロセスをたどる。組織の衰退とは「業績の低迷傾向が過去との対比で明確になった状態」であるとされる（日夏，1996:88）。組織が衰退過程に入るのは，景気変動などの社会経済的要因によるケースが多いものの，外部環境への適応能力の不足が主な要因であるとされている（日夏，1996:88）。今口は組織は成長から衰退という過程をたどるものの，そのすべてが衰退後に消滅するのではなく，衰退をきっかけに組織変革を行い，イノベーションを起こすことによって再成長することが可能であると述べている（今口，2007:49）。

これらの内容を踏まえ，本章では分析モデルとして日夏（1996）の「成熟企業の再建過程モデル」を用いた。このモデルでは，対象となる企業は成熟期から衰退期，混迷期，戦略的転換期，回復期，再成長期というプロセスをたどる。このモデルの特徴として(1)成熟期からはじまっている点，(2)衰退期以降には，倒産だけでなく，イノベーションによる再成長のシナリオについても描かれている点，といったものがある。本章では，(1)について井上仏壇店は全国的に評価が高い彦根仏壇産地において長年活動しており，成熟企業としての要件を備えていること。また，(2)についても井上仏壇店が自らの歴史的変遷のなかで誕生した独自技術を用いて，経営再建のためのイノベーションを行っていることから，同モデルを用いることに対して適合性があるとした。

さらに，本章では井上仏壇店の行っている個々のイノベーションについてより詳細に把握するために，アバナシー＝クラーク（1985）の「四象限モデル」を補完的に用いた。このモデルは横軸に新しい製品やサービスの生産・販売方法などを生み出したり，改良したりするプロセス・イノベーション（process innovation）と斬新でほかとは異なった製品やサービスを開発するプロダクト・イノベーション（product innovation）を，縦軸に市場との関わりをおくことでイノベーションのあり方を明確にしたものである。

このように，本章では日夏(1996)の「成熟企業の再建過程モデル」，アバナシー＝クラーク(1985)の「四象限モデル」を用いて井上仏壇店のあゆみや製品開発活動について分析した。日夏(1996)の「成熟企業の再建過程モデル」を用いて井上仏壇店のあゆみについてみていくと，同店の成熟期は高度成長期から1998年にかけての時期である。この時期に，井上仏壇店は一定の利益を確保しており，彦根仏壇産地における仏壇製品のライフサイクルも成熟していた。その後は景気の後退，ライフスタイルの変化，安価な海外製品の進出といった外部環境の変化により，同店は衰退期へ突入した。そして，混迷期では経営再建策として，ポスティング(2003年)，ニュースレターやチラシの作製・配布(2004年)，ホームページの作成(2005年)などの活動をはじめるようになった。戦略的転換期では，仏壇の製造技術をいかした異分野の製品開発活動である「chanto」プロジェクト(2008年)，新しい祈りのかたちを実現させるための創作仏壇の開発活動である「柒⁺」プロジェクト(2011年)が開始されるようになる。回復期から再成長期には，そのような製品開発活動に加え，顧客の要望に応じたご当地仏壇に関する活動(2013年)もはじめるようになる。そして，それらの活動が展示会やカタログなど，各種メディアに注目されることで，井上仏壇店は経営再建を実現させた。これらの活動を「四象限モデル」にあてはめると，ご当地仏壇は通常的革新(regular innovation)，「柒⁺」は隙間創造(niche creation)，「chanto」は構築的革新(architectual innovation)に該当すると考えられる。

本章では，これらの内容を踏まえ，学術的および実務的成果として次の点を述べた。前者は(1)日夏(1996)の「成熟企業の再建過程モデル」に加え，補完的役割を果たすものとしてアバナシー＝クラーク(1985)の「四象限モデル」を取り入れている点。(2)日夏のモデルにおいて経営再建の初期段階にこそ，それ自体が外部に強烈なインパクトを与えるようなイノベーションを行うことが重要である点。(3)「四象限モデル」におけるイノベーションは新たな顧客獲得のための「顧客増幅装置」の役割を果たす可能性があるという点。また，後者は(1)既存の事業を縮小したり廃止したりするのではなく，その立て直しを図ることが有効である点。(2) 新たな製品開発活動のうち，少なくとも市場と技術どちらか一方において革新性が高い場合には，プロジェクト組織を誕生させることが有効であるという点である。

最後に，今後の課題として，井上仏壇店の事例を通じて地域企業の再生にはアバナシー＝クラーク (1985) の「四象限モデル」におけるイノベーションが既存事業を中心とした事業全体の収益向上に効果的であると述べたが，同モデルのどのイノベーションがその役割を果たすのかは，対象となる産業により異なる可能性がある。そのため，今後は他産業の事例を通じて組織の再生へのプロセスとイノベーションとの関係性についてのさらなる分析および考察を行う必要があるとの指摘を行った。

1.5　第５章のまとめ

第５章「彦根仏壇産地における井上仏壇店のターンアラウンド戦略」では，本研究の調査対象である井上仏壇店の経営再建について主にターンアラウンド戦略の観点から分析し，考察した。ここでは，同店の仏壇の製造技術をいかした新たな製品開発活動がどのようにして自身の経営再建につながったのか，について明らかにすることを目的とした。本章では，ターンアラウンドに関する先行研究をレビューし，谷・榎本 (2006) の提示したターンアラウンド戦略のフレームワークを用いて，井上仏壇店の経営再建について検討した。また，谷・榎本 (2006) は，アンゾフ (Ansoff, 1965=1969) の成長戦略の成長ベクトルの適応可能性についても述べており，ここでは井上仏壇店の事例を分析するにあたり，補完的に用いた。

まず，本章でターンアラウンド戦略のフレームワークを用いるにあたり，ターンアラウンドに関する先行研究をレビューした。最初に，先行研究におけるターンアラウンド概念について確認し，本章のコンテクストに沿った形で同概念を措定した。次に，ターンアラウンド戦略の特性について健全度や成長戦略との違いについて確認した。そのうえでターンアラウンド戦略のフレームワークについて，本章の目的に即した形で提示した。このフレームワークは「縮小戦略(retrenchment)」から「復帰戦略(recovery)」という時間の流れを示す横軸と，Slatter & Lovett(1999=2003)の提示したターンアラウンド戦略の実行に必要な７つの必須要素という縦軸により構成されている。

縮小戦略とは「資産削減・従業員削減などによって事業規模を縮小する戦略と定義され，現状以上の健全度の悪化を食い止めることを目的とした戦略」のことである(大柳, 2004:134)。一方，復帰戦略とは「当該企業の健全度を向上させるための戦略であると定義され，従来の健全度への復帰を目的とした戦略」のことである(大柳, 2004:134)。ここでは，井上仏壇店の事業規模を考慮し，縮小戦略を「現状以上に事業規模を拡大せず，経営状況の悪化を食い止めるための戦略」とし，復帰戦略を「景気の動向に関係なく，経営状況を向上させるための戦略」と措定した。

また，Slatter & Lovett(1999=2003)は，ターンアラウンド戦略を実行するにあたり，７つの必須要素を提示した。それらは，(1)経営危機の安定化，(2)リーダーシップ，(3)ステークホルダーの支援，(4)戦略的フォーカス，(5)組織改革，(6)コア・プロセスの改善，(7)財務リストラ，である。このフレームワークを用いて井上仏壇店のターンアラウンド戦略をとらえると，縮小戦略期にはニュースレターやチラシの作製・配布，ホームページの作成などの活動を，復帰戦略期には，同店のオリジナルブランドである「chanto」プロジェクト，新しい祈りのかたちというコンセプトのもと，彦根仏壇事業協同組合青年部有志で結成した「柒⁺」プロジェクトなどの活動を行っていることが確認された。

そして，井上仏壇店のターンアラウンド戦略における７つの必須要素については以下の内容が確認された。(1)ニュースレターやチラシ，ホームページなど，身近なマーケティング活動による短期的なキャッシュを確保したこと(縮小戦略期)。(2)井上仏壇店と工部(職人)をまとめて「組織」ととらえると，互いに危機意識を共有しており，協力関係が醸成されていたことから，迅速な意思決定と新たなことへの挑戦が可能であったこと(縮小戦略期・復帰戦略期)。(3) 外部の人材活用や，さまざまな分野を専門とする協力者とのネットワークを構築したこと。また，工部との危機意識の共有などにより，ステークホルダーの協力を得られたこと (縮小戦略期・復帰戦略期)。(4) 縮小戦略期には既存事業の立て直し，復帰戦略期には新製品の開発といったように戦略を変化させていったこと。(5) ㈱井上の設立によって仏壇の製造技術をいかした新製品に関わる活動に対応できる体制を整えたこと (復帰戦略期)。(6)「chanto」,「柒⁺」などの活動によって時間，コスト，品質面での改善を実現させたこと (復帰戦略期)。

このように，本章では井上仏壇店の活動をターンアラウンド戦略のフレームワークを用いて分析したうえで，より詳細に分析するために，アンゾフの成長ベクトルを用いた。それによると，同店は，製品開発戦略 (「柒⁺」: meiso, sora)，多角化戦略 (「chanto」,「柒⁺：HAND BOOK」) などの活動により，それ自体から収益を生みだしたこと。そして，それらの活動が各種メディアに注目されることで効果的なPRにつながり，既存事業を中心とした事業全体の業績を大幅に向上させ，ターンアラウンドを実現させたことが明らかになった。

最後に今後の課題として，中小企業のターンアラウンド戦略について，アンゾフの成長ベクトルのどの戦略が効果的なターンアラウンドにつながるのかについては，対象となる産業や中小企業によって異なる可能性があるため，他産業やさまざまな中小企業の事例を通してアンゾフの成長ベクトルとターンアラウンドとの関係についてのさらなる分析および考察が必要であるとの指摘を行った。

2. 本研究における課題

本研究は，仏壇産業で有名な滋賀県彦根市を中心とした彦根仏壇産地に活動拠点を置く井上仏壇店の仏壇の製造技術をいかした製品開発活動について，複数の学術的見地からとらえることを目的とし，分析，考察した。まず，彦根仏壇産地および井上仏壇店の概要について概観した。そのうえで，同店の行っている仏壇の製造技術をいかした製品開発活動について (1) 地域に対して果たしている役割，(2) 時系列的な側面から自身の経営再建に対して果たしている役割，(3) 個々の製品特性を踏まえ，それぞれの製品が経営再建に対して果たしている役割について分析し，考察した。本研究は，井上仏壇店に対し，このような形でのアプローチを試みてきたが，残された課題もいくつか存在している。そのため，最後にそれらの課題について述べる。

第１に，彦根仏壇自体についてのより詳細な記述が必要であるという点である。本研究は，井上仏壇店の仏壇の製造技術をいかした製品開発活動を中心としたものであるため，彦根仏壇自体に関する記述はあまりなされていない。しかし，彦根仏壇の製造技術は工部七職という存在からもわかるように，複雑で高度なものである。そのため，彦根仏壇の製造技術をいかした製品開発という視点から研究を行っていく場合，そのもととなる彦根仏壇の製造技術についてのさらなる詳細な記述が必要になると考える。

第２に，井上仏壇店の活動についてより包括的な記述を行うことが必要であるという点である。本研究では，同店の仏壇の製造技術をいかした製品開発，そのなかでも特に「chanto」や「柒⁺」を中心に取り上げてきた。しかし，第２章で述べたように，井上仏壇店はそれ以外にもさまざまな活動を行っている。そのため，井上仏壇店という存在を調査対象にするのであれば，今後は同店が行っているさまざまな活動に対し，より包括的な側面からとらえ，分析し，考察することが必要になると考える。

第３に，彦根仏壇産地で活動している井上仏壇店以外のアクターに関する記述を行うことが必要であるという点である。現在，彦根仏壇産地では「柒⁺」にみられるようにさまざまな活動を行っているアクターが存在している。そのため，彦根仏壇産地について研究を進めていく場合，そのようなアクターについても調査を行うことが必要であると考える。

引用・参考文献

Abernathy, W.J. and K.B.Clark, 1985, "Innovation: Mapping the Winds of Creative Destruction," *Research Policy,* Vol.14, No.1, pp.3-22.

Ansoff, H. I., 1965, *Corporate Strategy,* McGrow-Hill (=1969, 広田寿亮訳『企業戦略論』産業能率短期大学出版部)。

今口忠政, 1993,『組織の成長と衰退』白桃書房。

今口忠政, 2007,「組織の衰退とイノベーション――ライフサイクルの視点から――」『三田商学研究』第50巻第3号, pp.45-55。

大柳康司, 2004,「ターンアラウンド戦略の類型と効果」『専修経営学論集』(78), pp.115-62。

Slatter & Lovett, 1999, *Corporate Turnaround* (=2003, ターンアラウンド・マネジメント・リミテッド訳『ターンアラウンド・マネジメント 企業再生の理論と実務』ダイヤモンド社)。

髙橋愛典, 2016,「まち歩きと地域デザイン――新発見を誘うフレームワークの構築」地域デザイン学会誌『地域デザイン』第8号, pp.115-31。

谷行治・榎本悟, 2006,「中小企業におけるターンアラウンド戦略～V字回復に向けて～」岡山大学経済学会雑誌38 (2) ,pp.1-21。

原田保, 2015,「『深表統合モザイクゾーン』の戦略性に関する試論――"深層"のローカル性と"表層"のグローバル性」地域デザイン学会誌『地域デザイン』第6号, pp.9-24。

日夏嘉寿雄, 1996,「企業業績の衰退･再建過程と経営者」『帝塚山大学経済学』第5巻, pp.87-117。

索　引

あ　行

か 行

さ　行

た　行

な　行

は　行

ま　行

や　行

カバー，口絵写真提供：株式会社井上

店舗全景 , chanto coffee mill, meiso : ©Masahiko Nogami
DAN, KUDEN : ©Keisuke Ono
KISSHO : ©Hiroshi Ohno

167

■著者略歴

大橋　松貴（おおはし　まつたか）

1984年滋賀県生まれ。

滋賀県立大学大学院人間文化学研究科地域文化学専攻博士後期課程修了，博士（学術）。

現在，滋賀県立大学博士研究員。

研究領域は地域産業，まちづくり，観光。

主要業績

単著　『観光都市中心部の再構築――滋賀県長浜市の事例研究――』サンライズ出版，2017年

共著　『入門 観光学』ミネルヴァ書房，2018年

論文　「地域再生装置としての観光ビジネスに関する考察――レント分析を中心に――」地域デザイン学会誌『地域デザイン』第３号（2014）

「地域産業としての仏壇産業における製品開発の新機軸に関する考察――滋賀県彦根市の井上仏壇店の事例」地域デザイン学会誌『地域デザイン』第５号（2015）

「地域産業における中小企業のターンアラウンド戦略に関する一考察――彦根仏壇産地における井上仏壇店の製品開発――」日本ビジネス・マネジメント学会誌『ビジネス・マネジメント研究』第14号（2018）

「地域プロデューサーとしての地元企業の製品開発戦略――深表統合モザイクゾーンの観点から」地域デザイン学会誌『地域デザイン』第12号（2018），ほか

伝統産業の製品開発戦略

―滋賀県彦根市・井上仏壇店の事例研究―

2019年１月31日　初版第１刷発行

著　者　大　橋　松　貴

発行者　岩　根　順　子

発行所　サンライズ出版株式会社

滋賀県彦根市鳥居本町655-1

☎ 0749-22-0627　〒522-0004

印刷・製本　P-NET信州

ISBN978-4-88325-637-2